上海老年教育
Shanghai Senior Citizen Education

U0271305

科技新知

"60岁开始读" 科普教育丛书

上海市学习型社会建设与终身教育促进委员会办公室　**指导**
上海科普教育促进中心　**组编**
雷仕湛　薛慧彬　**编著**

KEJI
XINZHI

復旦大學出版社
上海科学技术出版社
上海科学普及出版社

"60 岁开始读"科普教育丛书

编 委 会

总 序

党的十八大提出了"积极发展继续教育，完善终身教育体系，建设学习型社会"的目标要求，在国家实施科技强国战略、上海建设智慧城市和具有全球影响力科创中心的大背景下，科普教育作为终身教育体系的一个重要组成部分，已经成为上海建设学习型城市的迫切需要，也成为更多市民了解科学、掌握科学、运用科学、提升生活质量和生命质量的有效途径。

随着上海人口老龄化态势的加速，如何进一步提高老年市民的科学文化素养，通过学习科普知识提升老年朋友的生活质量，把科普教育作为提高城市文明程度、促进人的终身发展的方式已成为广大老年教育工作者和科普教育工作者共同关注的课题。为此，上海市学习型社会建设与终身教育促进委员会办公室组织开展了老年科普教育等系列活动，而由上海科普教育促进中心组织编写的"60岁开始读"科普教育丛书正是在这样的背景下应运而生的一套老年科普教育读本。

　　"60 岁开始读"科普教育丛书，是一套适合普通市民，尤其是老年朋友阅读的科普书籍，着眼于提高老年朋友的科学素养与健康生活意识和水平。第四套丛书共 5 册，涵盖了中医养老、肺癌防范、生活化学、科技新知、安全出行等方面，内容包括与老年朋友日常生活息息相关的科学常识和生活知识。

　　这套丛书提供的科普知识通俗易懂、可操作性强，能让老年朋友在最短的时间内学会并付诸应用，希望借此可以帮助老年朋友从容跟上时代步伐，分享现代科普成果，了解社会科技生活，促进身心健康，享受生活过程，更自主、更独立地成为信息化社会时尚能干的科技达人。

前 言

　　本书选取当今科学技术热点前沿领域中具有代表性的光源技术、航天技术、信息技术、智能制造技术、材料科学、空间科学探索等主题，开展了深入浅出的探讨，直白而浅显地以问答的形式，展示了人们关心的若干科学问题和科学新知。从高大上的高科技到接地气的新应用，从作为科学基础设施的大光源到作为武器的激光技术，从遥远的太空探索到身边的网银、网购，从新材料到新能源，从 3D 打印到智能制造，这些内容必定能让老年朋友们在增长新知识、了解新科技的同时，启发科学的智慧、生活的智慧、人生的智慧。

　　本书编写过程中得到中国激光杂志社王晓峰总编、刘亚群编辑以及中科院上海光机所科学传媒沈力主管等大力帮助，在此对他们表示衷心感谢！

目 录

一、光源技术

往日,在我们心目中太阳是最亮的光源,看它一眼立刻会被它的光芒刺得流泪。然而,现在太阳不再是最亮的了,中科院上海光机所-上海科技大学超强激光光源联合实验室于 2016 年,研制成功了人类已知的最亮光源,它是由激光器经先进技术改造而来的。

1. 高亮度的激光器

激光器是在 1960 年发明的新型光源,它与通常所见到的各种光源大不一样,它只朝一个方向发射光束,其亮度极高、单色性非常好。

（1）只朝一个方向发光

太阳以及各种普通光源是朝四面八方发射光的,而激光器则只朝一个方向发射,光束的发散角极小,一般只有大约 0.001 弧度,接近平行光束。

（2）亮度极高

1969 年 7 月 21 日,从地球上向月球上的角反射器发射红宝石激光束,从反射器反射回来,一个来回路程为 77 万 2 千千米,在地面上还能够接收到这束光的信号,这是人类第一次在地球上接收到从月球反射回来的光信号！据此还准确地测量出月球与地球之间的距离,测量误差仅为 2.54 厘米。

太阳光经透镜聚焦可以在纸片上烧出一个洞,可以点燃火柴。激光束无需透镜聚焦就可以点燃木板,可以在耐火砖上烧出洞,可以打穿金属板。

(3) 单色性非常好

视觉是光辐射刺激眼睛视神经产生的,我们感觉到的不同颜色,是不同波长的光辐射对视网膜上视质细胞不同作用的反映。光源发射的光束颜色越纯,单色性越好。在激光器出现之前,单色性比较好的光源主要有氦灯、氖灯、氪灯,其中以同位素氪-86气体放电灯的单色性最好。激光器的单色性可以比氪-86气体放电灯还高 10 万倍。

2. 激光器亮度再升级

单台激光器受各个光学元件所承受光损伤的限制,输出的激光功率水平仍然有限,而且在高功率水平下运转的激光器输出的光束质量也不佳。利用激光放大器可进一步放大激光器输出的激光功率。在激光脉冲到达激光放大器前,先将脉冲宽度展宽,使其激光峰值功率保持在放大器光学介质安全工作的水平,待激光束通过放大器,能量增大后,再将脉冲宽度压缩回原先的宽度,光功率高达 5 拍瓦(1 拍瓦等于 1 000 万亿瓦,相当于全球电网平均功率的 500 倍)。不过,该光源的发光时间很短,只有 30 飞秒(1 飞秒等于千万亿分之一秒),因此对人体是安全的。

3. 主要用途

这种超强激光器主要用作科学研究的"工具"。比如,在实验室创造出前所未有的超强电磁场、超高能量密度和超快时间尺度综合性极端物理条件,用于开展诸如阿秒科学、材料科学、激光聚变、核物理与核医学、高能物理等领域的研究。

2. 人体也会发光吗？

1911年,英国医生华尔德·基尔纳(Walter Kilner)采用双花青染料涂刷玻璃屏,发现人体外周有一圈强度超微弱的光晕,色彩瑰丽,忽隐忽现。

1. 人体辉光特色

(1) 发光颜色

人体头部发生的辉光呈现浅蓝色,手臂呈青蓝色,心脏是深蓝,而臀部是绿色。人在心平气和的时候发射的辉光呈浅蓝色,发怒时则变为橙黄色,恐惧时又会变为橘红色。经常吃肉类食品的

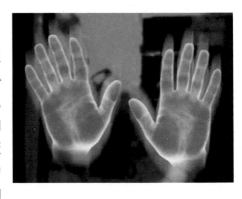

健康人,辉光呈艳红色且明亮,而长期食用植物性食品则光色纯且较暗。健康状况良好的人发射的辉光呈亮红色。

(2) 发光强度

人体不同部位发射的辉光强度不同,手、脚发射的辉光强度比胳膊、腿和躯干强。

年龄不同,发射的辉光强度不同,发射的辉光强度随着年龄变化而变化,从年幼开始,发射的辉光强度逐年增强,中年以后又变成日趋减弱,亦即青壮年人发射的辉光强度比小孩和老年人的都强,比老年人的强一倍多。

不同体质的人发射的辉光强度不同:身体愈强壮的人发射的辉光强度愈强;体力劳动者或喜好运动的人比脑力劳动者发射的辉光强。

(3) 辉光强度空间分布对称性

　　身体健康的人发射的辉光左右两侧相应部位的光强度——对称。如果患了疾病,发射的辉光呈灰暗色,而且失去这种对称性,会出现一个至几个与疾病相关的、特有的不对称发光点。

2. 利用人体辉光可以帮助诊断疾病

　　根据辉光点的对称性情况,可以了解患病者治疗后的康复状况。下面左边的照片是患病者的人体辉光,可以看出身体中轴线上的 7 个光点的光强度分布形状、大小都不同,心脏(从下往上第 4 个点)、喉部(从下往上第 5 个点)的光点显得特别大,光强度沿身体中轴线左右分布也不对称。病情愈严重,发光点的不对称状态愈显著。如果经治疗后病情好转,这种不对称性又会向对称性转化。下面右边照片是经过治疗后身体复康时的照片,7 个光点的光强度分布的形状、大小都基本一致,而且左右也对称了。

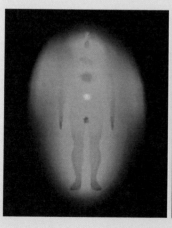 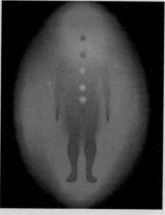

3.

什么是上海光源？

这是由中国科学院与上海市人民政府建造、由中国科学院上海应用物理研究所承建和运行的光源,坐落于上海张江高科技园区。上海光源则是由电子束发射的光辐射,即所谓同步辐射。

1. 同步辐射

1944 年,根据电子在磁场中走圆弧轨道运动时发射电磁波辐射并失去能量的理论,提出了同步辐射概念。

(1) 辐射波长覆盖从远红外到 X 光相当宽广的波段,其中辐射强度峰值在特征波长附近,其数值由电子的能量和电子运动偏转半径确定,电子能量越大,则辐射波长越短。

(2) 定向传播。光辐射沿着电子轨道切线方向传播,并集中在一个很小的立体角之内,且电子能量越大,辐射的发散角也越小。

(3) 有很高的亮度。光源的发光面积通常小于 1 平方毫米,而光辐射发散角又很小,大约为毫弧度立体角,所以亮度很高。

(4) 辐射是偏振的。在电子轨道平面内发射的是 100% 线偏振光,偏离轨道平面发射的是椭圆偏振光,其偏振度决定于电子的能量、辐射能量和它的发散角。

2. 光源结构

该光源由全能量注入器、电子储存环、光束线和实验站等组成。全能量注入器包括电子直线加速器、增强器和注入/引出系统,作用是向电子储存环提供电子束。电子储存环是周长为 432 米的闭合环形装置,相当于 400 米环形跑道的操场,用来储存能量为 35 亿电子伏特的电子束。它由真空度为 133.33×10^{-9} 帕的超高真空室、高精度磁铁系统、高频加速腔、高灵敏的束流探测仪器和控制系统等组成。高精度磁铁系统是储存环的主要部件,包括 40 台二极偏转磁铁、200 台四极聚焦磁铁和 140 台六极色品磁铁。

3. 上海光源用途

上海光源实际上是一台进行各种科学实验的科学装置和大科学平台。它有上百个实验站和 60 多条光束线,相当于建造了 60 多个不同学科的重点实验室。比如,光源提供高亮度 X 光(是最强的 X 光机的亿倍),能够帮助科研人员看清病毒的结构;利用 X 光显微成像和断层扫描成像技术直接获取亚细胞结构图像,提供全新的生命动态视野;了解材料中原子的精确构造,以便设计出更多新颖材料;深度刻蚀光刻,制造肉眼难以看清的微型马达、微型齿轮、微型传感器、微型泵阀,以及微型医用器件等。

4. 什么是大连光源？

这是世界上目前最亮且波长完全可调的极紫外光源,由中国科学院大连化学物理所和中国科学院上海应用物理研究所联合研制,于 2017 在大连建成。其自由电子是在极性周期变化的直线排布磁场中运动发射光辐射的,属于自由电子激光光源。

1. 自由电子激光器

原子内的电子称为束缚电子,离开原子的电子称为自由电子。自由电子在极性周期交错安排的磁场中运动时,发生类似于原子内束缚电子那种振荡,于是也发射出光辐射,且在满足一定条件时各个电子发射的光辐射会彼此相向叠加,在传播方向的光辐射强度不断增强,即产生受激辐射。

2. 光源结构

自由电子激光器主要由 3 部分组成:自由电子发生器,提供高能量自由电子束;摆动器(又称波荡器),是极性周期交错安排的磁场;光学共振腔,是放置在摆动器两端的光学反射镜。

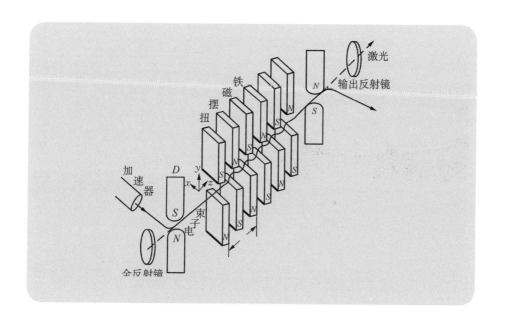

3. 发光特性

(1) 改变磁场的空间周期,或者改变电子束的电子能量,便可以改变发射的光辐射波长,原则上可以发射从远红外波段连续调谐至紫外波段,甚至 X 射线波段的光辐射。大连光源发射的光辐射波长可在 50~150 纳米范围内调整。这个波段称为远紫外辐射,或者极紫外辐射。

(2) 能量转换效率高。普通光源和普通激光器都是经过一些中间环节才把电能量转换成光辐射,而自由电子激光器是将电子的能量直接转换成光辐射,没有中间转换环节,理论上电子的能量能够 100% 转换成光辐射。

(3) 这种光源的光辐射功率水平不受限制,提供的电子束能量有多高,就能够获得多高的光辐射功率。

这是计划建造在北京怀柔科学城的先进光源,其设计亮度及相干度均高于世界现有的、在建或计划中的光源,计划于 2018 年 11 月开工建造,工期大约 6 年。这台光源与上海光源同属于同步辐射,不过,它更先进,属于第四代,性能有巨大提升,是研究复杂体系、极精细结构的平台,具有如下 4 个方面的功能。

(1) 提供高能、高亮度以及高准直性硬 X 射线,用于原位研究和在极端物理条件下的科学研究,提供的 X 射线能量可达 300 千电子伏。

(2) 提供相干性好、直径为纳米量级的聚焦光斑,将催生新的实验技术。例如,在生命科学、环境科学、介观科学等领域,聚焦到纳米量级的相干 X 射线将催生纳米分辨率 X 射线荧光成像、吸收谱学成像等技术,直接观察纳米尺度的物质结构变化。

(3) 提供毫米量级光学波段聚焦光斑,用于研究结晶复杂的蛋白质晶体结构,以及十微米到十纳米介观尺度的科学研究。例如,材料老化、应力的形成模式;细胞、血液在单根血管里的流动;微纳米级器件的工作情况;锂电池锂离子的注入和抽出,以及基础物理中关联体系诸多衍生现象等,都发生在这一介观尺度。

(4) 提供皮秒量级的时间分辨率光辐射,用于研究物质(包括生命物质和非生命物质)的瞬态结构变化。

6. 为什么 LED 获得了诺贝尔奖?

　　2014 年,诺贝尔物理学奖授予发射蓝色光的发光二极管(LED)的发明者赤崎勇、天野浩和中村修二,这是光源历史上的第一次。

1. 电光源

　　人造照明电光源经历了 3 代: 白炽灯,爱迪生(Thomas Alva Edison)发明;荧光灯,其发光效率比白炽灯高 3～4 倍;发光二极管(LED),具有节能、环保和寿命长等显著优点。同样亮度,LED 的耗电量仅为普通白炽灯的 1/10,节能灯的 1/2,使用寿命却可以比它们延长 100 倍,可达 10 万小时。

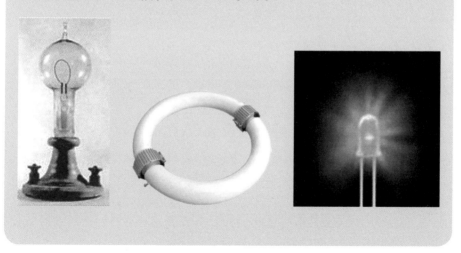

2. 迟来的蓝光 LED

由 LED 的发光机理可知,单只 LED 不可能产生两种及两种以上颜色的光,只能发射单种颜色光,如红色或者绿色等。用于照明的 LED 需要发射白色光,但没有直接发射白色光的 LED,无法充分发挥这种新光源的照明作用。

不过,根据三原色原理,红色光、绿色光和蓝色光混合在一起也显示白色光,或者说,将发射红色光、绿色光和蓝色光的 LED 发射的光混合起来,也可以获得白色光。其中的红光和绿光 LED 早在 20 世纪六七十年便代相继诞生,唯独发射蓝色光的 LED,由于没有找到合适材料,迟迟未见成功。1992 年,赤崎勇、天野浩和中村修二研制成功了发蓝光的 LED。LED 终于能够用于照明了,人类拥有了使用时间更长久和发光效率更高的电光源。全球发电总量大约 19% 用于照明,采用 LED 灯照明后,就能够节省大量资源,为全球大约 15 亿未能受益于电网的人口带来更高的生活品质。因此,发明了蓝光 LED 的这 3 位科学家获得 2014 年诺贝尔物理学奖当之无愧。

3. 白光 LED

现在大部分白光 LED 采用两种方式制成,最为常见的技术是在蓝光 LED 的表面均匀地涂敷荧光粉,如掺铈的钇-铝-镓(Ce3＋：YAG)荧光粉剂。部分荧光粉发出黄绿色光,由于黄光能刺激人眼中的红光和绿光感光细胞,加上余下的蓝光刺激人眼中的蓝光感光细胞,看起来就像白光。

最新一种制造法是在硒化锌(ZnSe)基板上生长硒化锌层,通电时发射出蓝光,而基板会发黄光,它们混合起来便是白光。

7. 什么是死光武器?

人类早就有一个梦想:利用光源制造死光武器。激光器这种亮度极高的光源,无疑给人们发展死光武器注入了一支强心剂。

1. 激光武器所向披靡

光的传播速度为每秒 30 万千米,光源一打开,光束几乎是同时射到了目标。普通武器射击前需要设定提前量。然而,这个提前量在实际上很难精确估计。用光束做武器射击目标无需设置提前量,只要瞄准目标射击便准能击中它,即使是以高速飞行的目标,如导弹。因为光子静止质量为零,所以射击时没有出现普通武器那种后冲力,因此连续多次射击无需重新瞄准。人们把激光武器称为死光武器。

2. 初试牛刀

激光武器成了自原子弹爆炸以来最重大的武器新闻,是原子弹之后在武器领域中最大的突破。1978 年,用激光成功地击落了一枚"陶式"BGM－71A 反坦克导弹,1981年用激光击毁 ALM－9 响尾蛇对空导弹,2010 年用激光束

成功击中 3.2 千米外正以时速 482 千米飞行的无人驾驶飞机。

3. 激光致盲型武器

1982 年的英阿马岛战争期间,英国在竞技神号等大型军舰上安装了激光致盲武器,致使阿根廷一架 A-4B 战斗机坠入海中,一架 A-4 飞机偏离航线被友军防空武器击落。

现代许多侦察仪器、飞行器、指挥系统乃至侦察卫星和导弹,都有使用光电接受系统做的"眼睛",它受激光损伤变成了瞎子,必会失去作战能力。

4. 地基激光武器

这是以地球表面为基地的激光武器,主要用来对付高速飞行武器,如战斗机、侦察机、导弹等。特别是导弹,装有火箭发动机,能够自动高速飞行;它还装有控制器和操纵系统,可以准确地击中目标,一般的武器还比较难对付它。

5. 机载激光武器

这是把高能激光器安装在大型运输机上,主要用于拦截助推段飞行的弹道导弹,也能打击飞机和巡航导弹。1973 年 4 月,美国便将一架波音 NKC-135 型空中加油机改装成"空中激光实验室",验证机载激光武器的可行性。

6. 天基激光武器

这是把激光器、跟踪瞄准系统装到卫星、宇宙飞船、空间站等多种平台上的激光武器。太空的大气极为稀薄,激光束传输受大气影响很小,能量损失小,激光束能够传输的距离远。洲际弹道导弹还在助推段、火箭燃料还在灼热地燃烧时这种激光器就能将其击落。

8. 光子加速器有什么优势?

　　这是利用激光的力学原理制造的粒子加速器,这种加速器的尺寸可以大幅度缩小,还可以加速中性粒子,如原子,而传统的加速器是做不到的。

1. 粒子加速器

　　传统粒子加速器利用电磁场加速带电粒子,提供高能粒子。科学家利用高能粒子发现了许多基本粒子,包括重子、介子、轻子和各种共振态粒子。2012 年 7 月 4 日,欧洲核子研究中心利用粒子加速器发现了寻找了数十年的希格斯玻色子。希格斯玻色子是物质的质量之源,是电子和夸克等形成质量的基础,其他粒子在这种粒子形成的场中游弋并产生惯性,进而形成质量,粒子才拥有一定的质量,构筑成我们的大千世界。为此,发现该粒子的两位科学家也获得了2013 年 的 诺 贝 尔 物 理学奖。

　　要获得高能量的粒子,加速器的长度和体积就必然变得很大,成了庞然大物,而且造价高昂。

　　利用强激光束做的加速器,它就不再是庞然大物。

2. 激光尾场加速器

激光产生的尾场电场强度非常大,具有很强的粒子加速能力。比如,激光形成的等离子体的密度为每立方厘米 10^{18} 个电子,产生的峰值电场强度达 10^{10} 伏/厘米的梯度加速电场,比典型的传统加速器所获得的加速梯度高出整整 1 000 倍,可在 3.3 厘米的距离上将电子束加速到能量为 10^{10} 电子伏以上。

3. 激光束直接加速粒子

（1）有质动力加速机制加速器

利用聚焦激光脉冲的加速与减速过程中光场的不对称性,使粒子在激光到达聚焦平面附近的时候被加速,在远离激光聚焦平面的时候减速。由于激光强度在聚焦平面处达到最大值,而在远离聚焦平面处迅速减弱,因此粒子在强场区获得的能量远远大于它在弱场区损失的能量,从而实现加速。

（2）俘获粒子加速机制加速器

会聚的激光场中存在一个低相速区,进入这一区域的粒子有可能被激光场俘获,并获得较大的能量。

（3）啁啾脉冲激光加速机制加速器

啁啾脉冲激光加速机制采用的光场频率本身是变化的,粒子被加速和减速区域不对称。粒子较长时间在加速区,持续被加速直至很高的能量。

二、航天技术

9.

什么时钟计时最准确？

许多生产建设和国防应用、科学研究需要计时很准确的时钟。比如,要求定位误差不超过 100 米,使用的时钟计时准确度需要达到百万分之一秒,即计时准确度起码是 1 年才误差 1 秒的时钟。

1. 时间标准

"秒"是时间的基本单位。1835 年,规定世界太阳两次当顶之间的时间间隔是一个世界日,世界日的 1/86 400 定义为一世界秒,这个国际时间标准一直沿用到 1956 年。1956 年 10 月,国际度量衡委员会等又决定以地球的公转(年)代替其自转(天)作为时间单位的基准,1 秒时间定义为从 1900 年 1 月 0 日 12 时整起算的回归年的 1/31 556 925.9 747,按此定义时间"秒"。后来发现,一些原子里面的电子围绕原子核旋转的周期非常稳定,比如,铯原子的电子每秒旋转 9 192 631 770 周,误差不到千分之一周。于是,在 1967 年召开的世界第 13 届国际计量大会上,通过了 1 秒钟的新定义:1 秒钟时间是铯原子基态的两个超精细能级跃迁所对应的光辐射 9 192 631 770 个周期的持续时间。

2. 各种时钟

人类为了计时准确而不懈努力,不断开发各种新型时钟。

一定数量的同一种燃料燃烧的时间大致相同。将木料磨成粉末,并加入一些香料混合制成盘香。在盘香的特定位置上再装上几个金属球,盘香下面放一个金属盘,当燃烧到某一特定的部位时,金属球就会落在金属盘里,发出清脆的响声,这就是火钟。

以壶中滴漏的水量多少来计算时间,壶内的水面随着水的滴漏而下降,根据下降的高度便知道过去了多少时间。据说,从夏商时代起我国就有了这种时钟。

圭表是在春秋时期,我们的祖先在世界上率先发明通过观测日影以定时刻和节气的计时仪器,由圭和表两部分构成,表是两根直立的木杆或柱石,圭是平卧于表下的尺,上面刻有分、寸等,用太阳光下表投射在圭上的日影定时间。

17世纪中叶,利用摆锤的周期性摆动过程来计量时间,发明了摆钟。20世纪,发现石英晶体的振荡频率非常稳定,于是根据这种振荡计时的石英钟出现了。

3. 计时最准确的时钟

这些时钟的准确性还不能满足社会发展的需要。2016年,中科院上海光机所放在天宫二号的空间冷原子钟,3 000万年才误差1秒,是目前计时最准确的时钟。

每一个原子都有自己的特征振动频率,而且其数值非常稳定,利用它可以制造计时很准确的原子钟。铯原子钟、氢原子钟和铷原子钟都已成功应用于太空、卫星以及地面控制系统。目前,在这3类中最精确的是铯原子钟,GPS卫星系统采用的就是这种原子钟。

人造卫星它可分为3大类：科学卫星、技术试验卫星和应用卫星。科学卫星用于科学探测和研究的卫星，主要包括空间物理探测卫星和天文卫星，用来研究某星球的大气、辐射带、磁层、宇宙线、太阳辐射等，并可以观测其他星体。

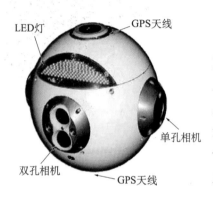

LED灯　　GPS天线
单孔相机
双孔相机
GPS天线

1. 别具一格的卫星成员

卫星按特定重量级别区分，重量在 10～100 千克的称为微型卫星，而只有 1～10 千克的小卫星就称为纳米卫星。大卫星的制造需要高昂的成本，其发射费用也高，而且风险也大，一旦发射失败将会造成严重的损失；纳米卫星体积小，制造成本低，又可批量生产，同时发射费用也低，发射等待时间短，因此，纳米卫星的出现将大大拓展卫星技术的应用范围。

2. 纳米卫星的制造

利用大规模集成电路的设计思想和制造工艺,不仅将机械部件像电子电路一样集成起来,而且利用微机械制造技术把传感器、执行器、微处理器以及其他电学和光学系统都集成于一个极小的几何空间内,形成机电一体化的卫星部件。用同一工艺能够制作成千上万个装置,如同专用集成电路一样批量生产。

以往传统卫星设计制造的一体式结构,即卫星自身具有某种完整的实用功能,体积和重量都比较大。纳米卫星采用的是组合结构,把这些微小的卫星基本组成部分或分系统,在太空中不同的轨道上以一定的方式分布排列组合,通过遥测遥控的方法互相连接,形成有内在紧密联系的星座,获得具有一颗大型常规卫星的功能。每个卫星基本组成部分或分系统,它们的体积和重量都比较小,分别发射就轻松得多。

3. 主要应用

别看纳米卫星的个头小,它的功能可不少,在通信、军事、地质勘探、环境与灾害监测、交通运输、气象服务、科学实验、深空探测等方面应用潜力巨大。

(1) 军事应用

只要在太阳同步轨道上等间隔地布置一定数量的纳米卫星,就可以在任意时刻连续监视和干扰地球上任何地点,卫星组网还可以实现空间大范围绘图和地面战场导引等。

(2) 通信应用

星间链路把众多纳米卫星连接起来形成多星星座,既能实现局部的、区域的覆盖,又能实现全球覆盖通信,而且路径损耗小,卫星发射功率较低,用户终端设备简单,且能提供高质量的通信服务,实现全球个人通信。

(3) 对地观测

选择有利的轨道高度,利用纳米卫星可完成包括全球性环境变化、环境污染、气象、自然灾害、森林火灾的监测及对地球资源的勘探和测绘、海洋遥感和地震预测等,服务于国民经济。

(4) 科学研究

利用廉价的纳米卫星进行空间科学研究是一条快捷的途径。大学和研究所有能力根据需要研制和发射这种纳米卫星,进行科学研究,如空间物理学、空间生命学、微重力科学研究、空间环境探测、行星探测,以及在失重和超净等特殊环境中进行新技术、新材料和新工艺的演示与验证等。

11. 一箭多星是怎么回事？

这是用一枚运载火箭同时或先后将数颗卫星送入地球轨道的技术,可以充分利用运载火箭的运载能力余量,经济便捷地将多颗卫星送入地球轨道,形象地说就是搭顺风车。

1960 年,美国首次用一枚火箭发射了两颗卫星;2015 年,中国用长征六号火箭一次发送 20 颗卫星上天;印度在 2017 年一箭发射 104 颗卫星。

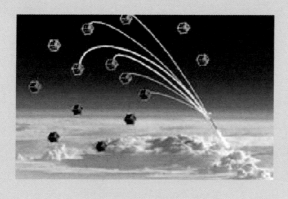

1. 发射方式

目前一箭多星常用两种方式。一种方式是火箭把一批卫星一次带入一个相同的轨道或几乎相同的轨道,当火箭抵达预定轨道后,所有的卫星就像天女散花一样释放出去,2015 年,长征六号把 20 颗卫星带上太空后分 4 次释放,每次释放间隔几十秒。另一种方式是分次分批释放卫星,使各颗卫星分别进入不同的轨道,运载火箭达到某一预定轨道速度时,先释放第一颗卫星,使卫星进入第一种轨道运行,然后火箭继续飞行,达到另一种预定的轨道速度时,又释放第二颗卫星,依此类推。

2. 关键技术

一箭多星的技术是比较复杂的,需要解决许多技术问题。

(1) 多颗卫星的安装

在一个整流罩的有限空间内安装所有的卫星,确保卫星分离速度、方向各不相同,保证分离的安全性等,技术上就比安装一颗卫星要复杂得多。

(2) 分离技术

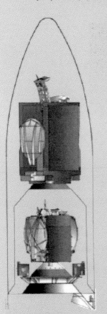

卫星按预定程序从卫星舱里分离出来,彼此不能相互碰撞,还需选择最佳的飞行路线和确定最佳的分离时刻等技术问题。

(3) 排除相互干扰

每颗卫星与火箭分离时,火箭和卫星间可能出现各种电子设备间的相互干扰。

(4) 稳定性

运载的火箭结构角度和重心分布若发生变化,则在飞行中会遇到稳定性问题。

(5) 地面测控技术

一箭多星对于地面控制系统的测控要求大幅提高,其控制数据数量级增加。需要从两方面解决多星测控问题:一方面,在卫星设计与研制中重点解决卫星的自主运行管理与测控问题,减轻地面测控压力;另一方面,优化配置地面测控系统,采用先进的地面多星测控技术,在有限的测控时间内完成对多颗卫星的运行管理与控制任务。

12. 海上怎么回收火箭？

　　火箭回收技术是指火箭完成运载后回收并重复使用的技术。到目前为止,运载火箭几乎都是一次性使用的,成本居高不下,发送1千克物体上天的成本为1万~2万美元。如果火箭能够回收,经过简单维修后再使用,那就像飞机一样,这将使航天发射的总成本大幅度降低,也将降低人类探索太空的门槛。航天活动就会像通常的飞机航行那般简单,前往地球轨道"旅馆"、月球和火星的票价将更亲民。另外,回收火箭还能保障地面人员和财产的安全,避免火箭残骸损坏财物甚至伤人。

1. 火箭回收方式

（1）降落伞＋气囊方式

　　在火箭分离后先在空中制动变轨,进入返回轨道,接着在低空采用降落伞减速,最后打开气囊或用缓冲发动机着陆。我国已进行高空的热气球投放实验,验证了有关技术。

（2）动力反推垂直下降方式

　　其空中变轨制动同第一种,但在低空采用发动机反推减速,垂直降落地面。美国猎鹰-9火箭采用这种方式。

（3）无动力滑翔水平降落方式

　　给火箭助推器装上可控翼伞,加上小型控制系统,使火箭助推器分离后能像翼装飞行一样调整角度,利用卫星导航滑翔,像飞机一样水

平降落。

(4) 有动力滑翔水平降落方式

火箭采用装有涡喷发动机的翼式飞行体,在返回地面过程中启动涡喷发动机,巡航机动飞行,可实现更大范围的回收区选择。

2. 关键技术

(1) 控制火箭姿态和落点精度技术

火箭在返回过程中需要控制其姿态,这对火箭的可操控性和稳定性要求都很高。火箭的造型细长,落地姿态不正很容易倒下。越是细长的东西越不好控制其姿态,要使细长的箭体垂直精确着陆在指定地点就更难。

(2) 火箭发动机推力可调和多次启动技术

反推发动机需要不同大小的推力。大范围调节发动机的推力,对发动机燃烧、涡轮泵阀门等各组件技术要求很高。

(3) 再入隔热技术

运载火箭返回时气流会在火箭表面摩擦产生大量热,这就要求火箭材料具备耐超高温和气流冲蚀的特性。返回过程时间不短,气动热很容易进入火箭内部,内部各种仪器设备要有热防护措施。

(4) 着陆支架技术

必须使用着陆支架来减缓冲击过载。着陆支架要有很好的强度和缓冲功能,以及倾斜姿态及水平速度适应技术。

3. 回收着陆地

可以选择在陆地回收,也可以在海上回收。海上回收能够比陆地回收节省更多成本。火箭落点在海上,火箭发射后无需掉头飞回陆地,可以节省燃料,控制成本。

13. 通信卫星是怎么工作的？

通信卫星是卫星通信系统的空间部分,用作无线电通信中继站。中继站就是一部负责接收并转发通信信号的"电台"。中国第一颗静止轨道通信卫星是1984 年 4 月发射的"东方红二号"。2013 年 6 月,全中国的中、小学生全程收看了中国女航天员王亚平的太空授课,前后40 分钟高质量的天地通话就是通信卫星完成的。

1. 我国通信卫星的发展

1984 年我国"东方红"卫星发射成功,开始了我国用通信卫星传送广播电视节目的新纪元。目前上星节目多达几十个,中央电视台的信号可以覆盖全国各个乡村,真正实现了最后一千米的卫星直播。2014 年 9 月 4 日,清华大学和信威集团联合研制的"灵巧"通信卫星成功发射,运行在 800千米高的太阳同步轨道上。该卫星主要开展多媒体通信及其他载荷试验,其移动通信载荷可同时形成 15个动态多波束,通信覆盖区直径约为2 400千米,实现了覆盖区内卫星手持终端语音业务、数据业务和移动互联网业务。目前,我国的通信卫星在轨

运行的有 20 多颗,建成了北京、上海、广州的国际出口站,能够提供 2.5 万条国际卫星直达线路;建成了以北京为中心,以拉萨、乌鲁木齐、呼和浩特、广州、西安、成都、青岛等为区域中心的地面站,使国内通信线路达到 10 000 条以上。

2. 卫星通信的主要特点

(1) 通信范围广阔

通信卫星在离开地球表面几百、几千甚至上万千米的轨道上,覆盖范围远大于一般的地面移动通信系统。一颗地球静止轨道通信卫星大约能够覆盖 40% 的地球表面,使覆盖区内的任何地面、海上、空中的通信站能同时相互通信。在赤道上空等间隔分布的 3 颗地球静止轨道通信卫星可以实现除两极部分地区外的全球通信。

(2) 工作频带宽

可用频段从 150 兆赫到 30 吉赫兹,甚至可以支持 155 兆字节/秒的数据业务。

(3) 通信质量好

电磁波主要在大气层以外传播,电波传播非常稳定。虽然在大气层内的传播会受到天气的影响,但仍然是一种可靠性很高的通信系统。

(4) 网络建设速度快、成本低

除建地面站外,无需地面施工,运行、维护费用低。

(5) 信号传输时延大

高轨道卫星的双向传输时延达到秒级,用于语音业务时会有非常明显的中断。

(6) 控制复杂

由于卫星通信系统是无线链路,而且卫星的位置还可能处于不断变化中,因此控制系统也较为复杂。

14. 气象卫星怎么预报天气？

这是从太空对地球及其大气层进行气象观测的人造地球卫星，实质上是一个高悬在太空的自动化高级气象站。

1. 气象卫星能预测大气"变坏"和"变好"

根据大量自然观察，可以知道大气的温度、湿度、压力等的变化，预测天气变化。气象卫星测量来自地球、海洋和大气的可见光辐射、红外线辐射和微波辐射信息，将它们转换成电信号，传送给地面接收站。气象人员将收集到的信息处理后，几个小时就可以得出全球大气温度、湿度、风等气象要素资料，作出长期天气预报，确定台风中心位置和变化，预报台风等。

2. 气象卫星种类

气象卫星按轨道的不同分为太阳轨道（极轨道）气象卫星和地球静止轨道气象卫星；按是否用于军事目的分为军用气象卫星

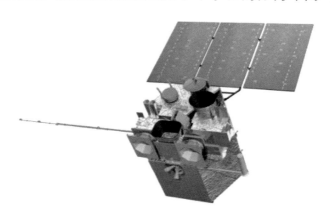

和民用气象卫星。我国先后成功发射了风云一号、风云二号、风云三号卫星和云四号气象卫星,为中国和世界气候监测及天气预报提供实时动态资料,预报准确率可达 90%。

3. 气象卫星观测内容
气象卫星的观测内容主要包括如下 7 个方面。

① 拍摄卫星云图。

② 云顶温度、云顶状况、云量和云内凝结物相位。

③ 陆地表面状况,如冰雪和风沙,以及海洋表面状况,如海洋表面温度、海冰和洋流等。

④ 大气中水汽总量、湿度分布、降水区和降水量的分布。

⑤ 大气中臭氧的含量及其分布。

⑥ 太阳的入射辐射、地气体系对太阳辐射的总反射率以及地气体系向太空的红外辐射。

⑦ 监测空间环境状况,如太阳发射的质子、α 粒子和电子的通量密度。

15. 侦察卫星如何侦查?

　　侦察卫星利用其内部的光电遥感器或无线电接收机,搜集地面目标的电磁波信息并存储在卫星返回舱里,待卫星返回时由地面人员回收,或者通过无线电传输,随时或在某个适当的时候传输给地面的接收站,经光学、电子计算机处理后,就可以看到有关目标信息。

1. 主要特点
　　侦察范围大、速度快、效果好,可以定期或连续监视目标,不受国界和地理条件限制;能详细侦察对方的各种战略目标情况(如战略武器系统数量和质量、地面部队的部署、战场情况),领土准确测图、定位,以及评估战争的进展和武器打击效果。

2. 主要种类

(1) 按搜集手段分类

主动侦察卫星发出信号,接收反射回来的信号,分析其含义,如利用雷达波扫描地面,获得地形、地物或者是大型人工建筑等的影像。

被动侦察卫星搜集分析被侦查物体发射出来的某种信号。这是最常见的侦查手段,如使用可见光或者是红外线照相或者是连续影像录制,截收各类无线电波段的信号。

(2) 按任务和侦察设备分类

成像侦察卫星搭载光学侦察设备或雷达侦察设备,从空间侦察、监视与跟踪地面目标。主要使用的遥感器包括可见光照相机、红外照相机、电荷耦合(CCD)照相机、成像雷达、扫描仪、多光谱或超光谱照相机等,地面分辨力高,能达到 0.1 米。

电子侦察卫星利用其载电子设备截获空间传播的电磁波,并转发到地面,通过分析和破译,确定他方的飞机、雷达等系统的位置和特征参数,窃听他方的无线电和微波通信。这种卫星一般运行在高约 500 千米或 1 000 千米的近圆形轨道上。

海洋监视卫星装有雷达、无线电接收机、红外探测器等侦察设备,监视海上舰船和潜艇的活动。为了连续监视广阔的海洋,卫星轨道一般比较高,为 1 000 千米左右的近圆形轨道,并需要由多颗卫星组成海洋监视网。

导弹预警卫星运行在地球静止轨道,并由几颗卫星组成一个预警网。星上装有红外探测仪,用来探测敌方导弹飞行时发动机尾焰的红外辐射,配合电视摄像机及时准确地判断导弹飞行方向,迅速报警。

16. 北斗卫星导航系统是怎么导航的？

北斗卫星导航系统是我国自行研制的全球卫星导航系统,同东盟各国基于北斗卫星导航定位系统的应用合作,已在泰国、马来西亚、老挝、柬埔寨建成,取得良好效果。

1. 主要功能

可在全球范围内全天候、全天时提供高精度、高可靠性定位、导航、授时服务,并具短报文通信能力。

实时定位精度达到 2 厘米,后处理精度为 5 毫米。用户与用户、用户与地面控制中心之间双向数字报文通信,一次可传输 36 个汉字,经核准的用户利用连续传送方式还可以传送 120 个汉字。

北斗导航系统具有单向和双向两种授时功能,根据不同的精度要求,利用定时用户终端,完成与北斗导航系统之间的时间和频率同步,授时精度为 10 纳秒。

2. 系统组成

(1) 空间段

空间段包括 5 颗地球静止轨道(GEO)卫星和 30 颗非地球静止轨道(Non-GEO)卫星。地球静止轨道卫星分别位于东经 58.75°、80°、110.5°、140°和 160°赤道上空。非地球静止轨道卫星包括中圆轨道(MEO)卫星和多颗倾斜地球同步轨道(IGSO)卫星。

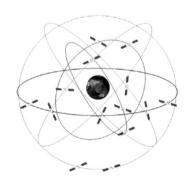

(2) 地面段

地面段由主控站、注入站和监测站组成。主控站设在北京，主要功能包括建立系统的时间和空间基准，生成导航电文，监测卫星钟等有效载荷，实现调整和控制；分析卫星星座性能，支持卫星的轨道维持。

监测站是监测空间段卫星和采集数据的卫星信号接收站。为实现高精度和强实时性，要求监测站尽可能在全球均匀分布，以实现对导航卫星的全弧段跟踪。

注入站是向在轨运行的导航卫星注入导航电文和控制指令的地面无线电发射站，是卫星导航系统地面运行控制的重要组成部分。

(3) 用户段

用户段包括各类北斗系统用户终端以及与其他卫星导航系统兼容的终端，主要为用户提供实时导航、定位、测速和授时信息，同时又兼具位置报告和短报文通信功能。

3. 系统特点

(1) 采用混合轨道

采用混合轨道，在任何时间、任何地点都可以保证有更多的可见卫星，而且还有更长的可跟踪时间，所以导航定位精度更高。

(2) 增加了短报文通信功能

与其他国家卫星导航系统相比，北斗卫星导航系统增加了短报文通信功能，可实现用户与用户之间的信息交换和共享，在搜索救援、灾害应急管理及部队指挥调度等方面，应用潜力巨大。

(3) 具备兼容和互操作性

北斗卫星导航系统具备与其他国家卫星导航系统兼容和互操作能力，并能实现多系统下的定位，精度和可靠性更高。

17. 激光能推动火箭吗?

传统运载火箭是靠存储在火箭上的推进剂燃烧产生的高温气体,从尾部喷射出来时产生的推力飞行的;未来的激光火箭则是利用激光束产生推力飞行的运载火箭。

1. 推动力来源

激光运载火箭的推动力来源于光的压力,以及光与物质相互作用,把光辐射能量转换成的推动力。

(1) 光的压力

光是电磁波,当光束投射到物体表面时,光波的电场在被照射物体的表面产生电荷和电流;光波的电场和磁场又分别与这电荷和电流发生作用,这就产生电磁相互作用力。另外,光子具有动量。当光束入射到物体表面上时,光子的动量发生改变,必然给予物体以力的作用。

光束产生的压力正比于光强度。普通光源的发光强度都不高,压力很微弱。中午太阳光直射到地面,对地面产生的光压大概是 4.5×10^{-6} 帕,即千亿分之一大气压,如此微弱的压强,我们感觉不到。

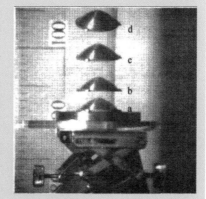

激光器能够输出非常强的光束,可以产生很强的推动力,足以把火箭推上太空。我国学者利用

高功率脉冲激光器做了抛物形飞行器激光推进试验,重量大约 5 克的飞行器在激光束推动下垂直朝上飞行。

(2) 光能转换成推动力

激光束会聚后,击穿会焦点附近的空气,形成高温、高压空气等离子体团。它吸收后续的激光能量后迅速膨胀,并形成冲击波,提供持续冲击压力。或者激光束作用在某些特殊固体或者液体材料(通常称工质),使其发生烧蚀、蒸发,形成往外喷射的高温高压蒸气,产生推动力。

2. 优点

(1) 推力大

激光运载火箭能够获得的推动力会非常大,比普通化学燃料高几倍。功率为 100 兆瓦左右的激光束便可以将净质量为 120 千克的运载火箭送入轨道。

(2) 运载能力大

激光运载火箭只需要小量甚至不需要化学燃料推进剂,大大减轻了火箭的自身重量,提高了火箭的运载能力。把 1 吨重的卫星加速到每秒 8 千米,理论上只需要携带 0.04 吨的推进剂就够了。

(3) 可以减少环境污染

传统的化学推进剂中除了液氧/液氢和液氧/煤油推进剂是无毒之外,大部分的固体推进剂和液体推进剂(比如四氧化二氮/偏二甲肼)是有毒的,火箭推进剂加注时产生的废气会污染环境。运载火箭第一级分离后掉到地面,第一级火箭内残余的有毒物质会对环境造成一定程度的污染,如果火箭发生事故将会造成更严重的环境污染。

18. 光子飞船靠什么飞行？

这是采用激光做驱动力的飞船。很早以前人们就设想利用太阳光做帆船的动力,制造太阳光帆船,实现星际飞行。

1. 太阳光帆船

这是光束压力直接推进飞行器的典范,也是人类设想光束推进飞行器的历史起点。400年前,著名天文学家开普勒便设想建造不用携带任何能源,仅仅依靠太阳光产生的推动力,驰骋太空的宇宙帆船。

光束是一群光子。太阳光入射到帆上时,光子把它的动量传递给帆,相应地给了帆推力,推动帆船前进。

一个光子产生的推动力很小,而一大群光子产生的推动力不可小觑。而且,在太空所有的物体都处于失重状态,又不存在空气阻力,只需要施加一点点推动力就能够改变帆船的飞行方向和飞行速度;太阳总是一刻不停地发射光辐射,这意味着有众多的光子源源不断地推动太阳光帆,根据牛顿动力学原理,帆船将做稳定的加速运动,时间长了,飞行速度最终会非常高。假定帆船起初的加速度大约只有每秒1毫米,但在1天之后,运动速度便增加到每小时160千米,100天后的飞行速度将达到每小时16 000千米。如果它持续飞行3年,飞行速度会被提

升到每小时 16 万千米,相当于先前发射的"旅行者"号探测器飞行速度的 3 倍! 这是人类目前任何飞行器都无法达到的飞行速度。

世界首艘太阳光帆船是日本的"伊卡洛斯"(IKAROS)号,于 2010 年 5 月 21 日晨升空,在离地球大约 770 万千米的太空,光帆成功张开。帆船的帆是正方形的,约为 14 米见方,由聚酰亚胺树脂制作,帆厚约为 7.5 微米,相当于头发丝直径的 1/10 左右。根据计算,在半年时间内,"伊卡洛斯"号能够加速到每秒 100 米。如不出意外,帆船将抵达金星,并飞过金星,继续飞向太阳附近。

2. 激光飞船

激光的亮度比太阳高亿倍,拥有更强大的推力。只要激光器能够正常运转,就可以连续、持久地为飞船提供动力,保证飞船不断获得加速度,最终能够以极高的速度飞行。以适当功率的激光束照射,激光飞船获得大约 40 厘米/平方秒的加速度,连续飞行 3 年,速度可达每秒 3 万千米,便有能力拜访各个星球了。

1989 年,美国伦塞勒工学院梅拉博教授设计了一台激光飞船。2000 年 10 月,采用脉冲平均功率为 10 千瓦的 CO_2 激光束,将直径为 12 厘米、重为 50 克的飞船发射到了 71 米的空中,飞船持续飞行了 13 秒。

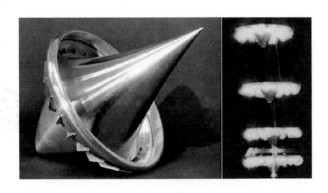

三、信息技术

19. 什么是保密通信？

　　保密通信就是采取了保密技术,防止通信内容泄露的通信技术。现代保密通信主要有信息加密通信、量子保密通信和混沌保密通信。

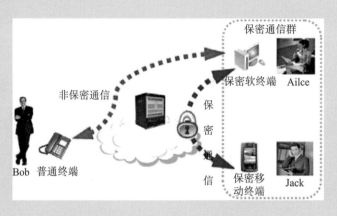

1. 加密通信

　　这是基于各种密钥算法,加密、掩蔽消息的内容,然后在一般的通信线路上传输。对方收到被加密信息后,解密恢复成原来的信息。通信前,双方先约定密钥,并由一安全信道传递密钥。在通信时,发方使用密钥以加密算法(即明文加密的规则,依赖于所选用的密钥)把明文变换成密文,然后利用电信道传递。收方利用约定的密钥对密文进行解密运算,恢复为原来需要传送的信息。保密性、抗破译性虽好,但仍有漏洞,因为再大的随机性也有周期性。

2. 混沌保密通信

混沌是由非耗散系统产生,具有有序与随机双重特性,应用范围十分广泛。利用混沌的保密通信是近 10 年来开发的新型保密通信技术。

(1) 主要特点

保密性强,具有高度随机性、非周期性,不可预测;高容量的动态存储能力;低功率和低观察性。

(2) 主要技术

目前发展的混沌保密通信技术有 3 种,即混沌遮掩通信、混沌调制通信和混沌开关通信。

混沌遮掩通信的基本方法是把小的信息信号叠加在混沌信号上,利用混沌信号的伪随机特点,把信息信号隐藏在看似杂乱的混沌信号中,在接收端用一个同步的混沌信号解调出信号信息。信道中传输的信号是混沌信号,具有类似噪声的特点,在信道中传输不容易被发现,即使被发现也难以从中提取信息信号。这种工作方式可传送模拟和数字信息。

混沌调制通信的基本思想是,信号经过调制混入混沌中传输,在接收端再从混沌中提取有用信号。相比于混沌遮掩通信,驱动系统中混沌信号谱的整个范围都用来隐藏信息,而且增加了对参数变化的敏感性,保密性大为增强。

混沌开关通信是数字信号采用的保密通信。当信号分别为 0、1 时,经过键控开关分别接通不同混沌参数系统,发送出两种混沌参数载波,实现二元混沌数据通信。

利用量子力学的测不准原理和量子不可克隆定理，通过公开信道建立密钥，当事人之外的第三方根本不可能破解其密码。2000年，中国科学院物理研究所与中国科学院研究生院合作，完成了1.1千米的量子保密通信演示实验，自由空间的量子保密实验也取得了很大进展。

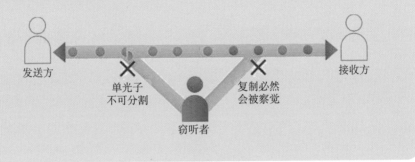

这是基于量子态携带的量子信息传输的一种新型通信技术，传输的不是经典信息。为便于传输，现有的量子通信实验一般以光子为量子态载体，即光子态传输。

1. 通信系统

量子通信系统包括量子信源、量子编码、量子解码、量子调制、量子解调、量子传输信道、量子测量装置、量子辅助信道和量子信宿等部分。量子信源是量子信息（表现形式为量子态）产生器；量子信宿用于接收量子信息；量子编码负责将量子信息转换成量子比特；量子解码负责将量子信息比特转换成信息。量子信道分成量子传输信道与量子辅助信道两部分，量子传输信道传输量子信息，量子辅助信道是除量子传输信道和测量信道之外的附加信道（如经典信道）。

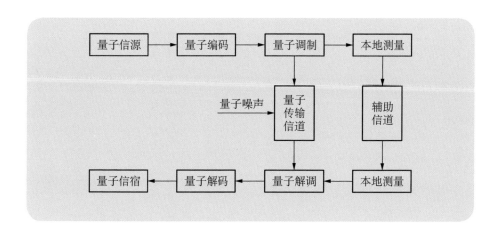

2. 特点

与传统通信技术相比,量子通信具有如下 5 个方面的特点。

(1) 时效性高

量子通信的线路时延近乎为零,信息效率相对于经典信道高几十倍,并且量子信息传递的过程没有障碍,传输速度快。

(2) 抗干扰性能好

量子通信的信息传输不通过传统信道,与通信双方的传播媒介无关,不受空间环境的影响,具有完好的抗干扰性能。

(3) 保密性能好

根据量子不可克隆定理,量子信息一经检测就会产生不可还原的改变,如果信息在传输中被窃取,接收者必定能发现,所以,相比于经典通信,量子通信是绝对安全性的。

(4) 隐蔽性能好

量子通信没有电磁辐射,第三方无法进行无线监听或探测。

(5) 使用范围不受限制

量子通信与传播媒介无关,传输不会被任何障碍阻隔,量子隐形传态通信还能穿越大气层。因此,量子通信使用范围不受限制,既可在太空中通信,又可在海底通信,还可在光纤等介质中通信。

3. 远程量子通信

　　这是实现量子因特网的基础。量子通信的基础是在两个一定距离的点之间产生量子纠缠态,但是受环境各种因素的影响,纠缠度会随着通道的长度降低,因此有效通信距离局限在几十千米内。采用量子中继器有可能克服这一限制,实现长距离通信。在空间建立许多站点,以量子纠缠分发技术先在各相邻站点间建立共享纠缠对,以量子存储技术储存纠缠对,采用远距离自由空间传输技术实现量子纠缠转换,即增长量子纠缠对的空间分隔距离。如果预先将纠缠对布置在各相邻站点,纠缠转换操作后便可实现次近邻站点间的共享纠缠。继续操作下去,原则上可以实现在很远的两个站点间共享纠缠,即远距离量子通信。

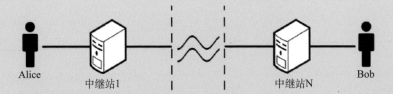

Alice　　　中继站1　　　　　　　中继站N　　　Bob

　　量子中继的中继站只转换纠缠却看不到密码,即便所有中继站都不安全,两个通信终端间形成的密钥及以此为基础的通信仍然绝对安全。

21. 地图怎么电子化？

这是一种以数字地图为数据基础、以计算机系统为处理平台、在屏幕上实时显示的可视化地图。

1. 特点

(1) 动态性

通常的纸质印刷地图只能以静止的形式反映地理空间中某一时刻或某些时刻的地理状态，不能自然地显示其变化过程，因此是一种静态地图。电子地图具有实时、动态表现空间信息的能力，用具有时间维的动画地图来反映地理随时间变化的真实动态过程，如城市区域范围的动态变化、河流湖泊水涯线的不断推移等。

(2) 交互性

纸质地图的信息传输基本上是单向的，即由制图者通过地图，向用户传输地理信息。电子地图具有交互性，可实现查询、分析等功能，以辅助阅读、辅助决策等。不同用户使用电子地图有不同的目的和不同的需要，电子地图更加个性化，更能满足用户个体对空间认知的需求。

(3) 内容详尽，信息量大

电子地图的信息量远远大于纸质地图，如公路在普通地图上用划线来表示位置，线的形状、宽度、颜色等不同符号表示公路的等级及其他属性信息。在电子地图上的划线属性可以有很多，公路等级、名称、路面材料、起止点名称、路宽、长度、交通流量等信息都可以作为一条道路的属性记录下来,通过用户属性查询形式提供信息,并以各种信息窗口的形式表现出来,能够比较全面地描述道路的情况,这些是纸质地图的简单符号不可能全部表示出来的。

(4) 可视化表达

与纸质地图相比,其地图可视化具有直观性、交互性、动态性、多维性与集成性。它集合生动、直观、形象的图形、图像、视频、音频等多种媒体表现手段。

2. 种类

为适应不同应用目的,制作了各种专用电子地图,主要有导航电子地图、旅游电子地图、多媒体电子地图、网络电子地图。

(1) 导航电子地图

在电子地图上添加详细交通信息,并从数据结构和路网拓扑结构上进行了专门的设计,适用于车辆导航所需的高效路径计算、路径引导等功能,并支持动态交通信息。利用导航电子地图、车载信息装置可以完成定位显示、地址查询、地图匹配等功能,结

合地图中存储的交通信息,完成路径规划,并用语音或箭头的方式在电子地图上完成路径指引。目前我国导航电子地图已经覆盖 31 个省级区域,333 个地市级区域,2 858 个县市级区域,覆盖的公路里程总量达 170 多万千米,占全国公路总里程的 95％以上。

(2) 旅游电子地图

这是在集成旅游信息数据库的基础上,表达一定制图区域内的旅游要素集的时空分布、联系和变化的专题型电子地图,突出旅游景点等旅游专题信息,提供优质旅游服务。普通型旅游电子地图主要供广大旅游者使用,为游客提供旅游信息,如旅游目的地的地理状况、景点分布、住宿地点和交通工具等。管理型地图让管理和决策层清楚了解到旅游资源和旅游设施的情况,可以通过查询、分析旅游景区的景点、人口、车辆、旅行组织的分布信息,为日常旅游管理和旅游资源调配提供参考依据。

(3) 多媒体电子地图

这是集文本、图形、图表、图像、声音、动画和视频等多种媒体于一体的新型地图,它增加了地图表达空间信息的媒体形式,从而以视觉、听觉等感知形式,直观、形象、生动地表达地理空间信息。

(4) 网络电子地图

这是应用于土地和地籍管理、水资源管理、环境监测、数字天气预报、灾害监测与评估、智能交通管理、污染和疾病传播区域跟踪、移动位置服务、现代物流、城市设施管理等的电子地图。

这是各种具有全球规模信息系统的总称,它是空间技术、通信技术和计算机科学技术相结合的产物。具有代表性的有全球定位系统(GPS)、全球信息栅格(GIG)、国家地理空间情报系统(NSG)等。

1. 全球定位系统(GPS)

这是美国从 20 世纪 70 年代开始研制,历时 20 年,耗资 200 亿美元,于 1994 年全面建成的,具有在海、陆、空全方位实时三维导航与定位能力的新一代卫星导航与定位系统。它成功地应用于大地测量、工程测量、航空摄影测量、运载工具导航和管制、地壳运动监测、工程变形监测、资源勘察、地球动力学等多种学科,

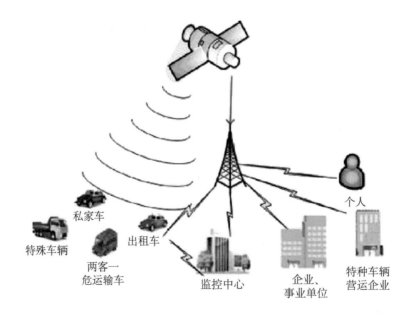

特殊车辆　私家车　出租车　两客一危运输车　监控中心　企业、事业单位　个人　特种车辆营运企业

系统由 GPS 卫星星座、地面监控系统、GPS 信号接收机 3 大部分组成。

(1) 卫星星座

它由 21 颗工作卫星和 3 颗在轨备用卫星组成。

(2) 地面监控系统

系统包括一个主控站、3 个注入站和 5 个监控站。主控站位于美国科罗拉多州的空军基地;3 个注入站分别位于大西洋、印度洋和太平洋;5 个监控站除了与主控站和注入站同设一处的 4 个站外,还有 1 个设在夏威夷。主要任务是监测和控制卫星上的各种设备是否正常工作以及卫星是否一直沿着预定轨道运行;保持各颗卫星处于同一时间标准即 GPS 时间系统。

(3) 信号接收机

其任务是捕获到按一定卫星高度截止角所选择的待测卫星的信号,并跟踪这些卫星的运行,对所接收到的 GPS 信号进行变换、放大和处理,以便测量出 GPS 信号从卫星到接收机天线的传播时间,解译出 GPS 卫星所发送的导航电文,实时地计算出测站的三维位置,甚至三维速度和时间。

2. 全球信息栅格(GIG)

全球信息栅格是由可以链接到全球任意两点或多点的信息传输、相关软件和信息传输处理等组成的栅格化信息综合体,其目的是建立一个安全、可靠、统一和互操作的专用于军事领域的信息网络结构,为联合作战部队提供全球互连的端到端的信息系统,使得用户在任何时间、任何地点都能获取的数据和信息。

3. 国家地理空间情报系统(NSG)

这是将卫星图像与地图地形信息数据合成,再叠加获取的多元(源)情报数据,形成全要素可视化的情报信息系统,主要是向各种用户提供及时、可靠、准确的地理空间情报。地理空间情报主要包括影像、影像情报、地理空间数据和信息。在 GIG 框架下,用户可以利用 GIG 的通信及互操作能力方便地获取 NSG 内的各种地理空间资源。此外,还可以根据用户要求生产特定的地理空间情报、分析服务以及解决方案。

23. 所谓"天眼"是什么?

1. 射电望远镜

先前是利用天体的光辐射观测研究宇宙,这是人类观望宇宙的第一个"窗口",使用的仪器是光学望远镜。20 世纪 30 年代初,发现来自宇宙天体的射电信号(波长约为 $10^{-3}\sim10^{5}$ 米,即频率为 $10^{12}\sim10^{3}$ 赫兹),于是又开启了第二个观测天体"窗口",即射电之窗。这个窗口使用射电望远镜。

(1) 单镜面射电望远镜

它通常由 3 个主要部分组成:反射面、接收机和指向装置。反射面多是抛物面,作用相当于光学望远镜中的物镜。把微弱的宇宙射电信号收集起来并汇聚于抛物面焦距处的接收机,接收系统将信号放大,从噪音中分离出有用的信号,并传给后端的计算机记录下来。记录的结果为许多弯曲的曲线,天文学家分析这些曲线,得到天体送来的各种宇宙信息。指向装置则根据天体位置实时转动望远镜,调节指向。

(2) 综合孔径射电望远镜

这是采用较小的天线对一个虚拟的大孔径内辐射场分立分时采样,而后处理数据获得高角分辨率,是由多个单口径望远镜组成的天线阵。

2. "天眼"

2016 年 9 月 25 日由中国科学院与贵州省政府合作共建的"天眼"——孔径巨大的球面射电望远镜,在贵州省黔南布依族苗族自治州建成并投入使用,这只"天眼"能洞察宇宙深处的许多秘密。

天体常处在离我们几十亿甚至是百亿光年以外的深远宇宙空间,地球上所能收集到的射电信号强度十分微弱,所以对望远镜系统及设备的灵敏度和分辨率要求极高。

单镜面射电望远镜的角分辨率和灵敏度与其反射面孔径有关,孔径大,灵敏度和分辨率都高。拥有高灵敏度、高分辨率的射电望远镜在射电波段"看"得更远。因此,单镜面射电望远镜孔径越来越大,起先是 10、20、50 米,后来 300、500 米。

(1) 反射面

孔径达 500 米,由 4 450 块反射面板单元组成,面积约为 25 万平米,近 30 个标准足球场大小,用于反射射电电波。

(2) 底座

大射电望远镜的观测不受天气阴晴限制,底座的选址对环境要求很高,周围的调频电台、电视、手机以及其他无线电数据的传输都会对射电望远镜的观测造成干扰。在望远镜所在地半径为 5 千米之内必须保持宁静。"天眼"落户在一片名为大窝凼的喀斯特洼地,像一个天然的"巨碗",刚好盛起望远镜那只巨大的反射面;附近没有集镇和工厂,在 5 千米半径之内没有一个乡镇,25 千米半径内只有一个县城。因此,这里是最为理想的底座位置。

3. "天眼"的重要使命

(1) 寻找遥远的"地外文明"

一旦在遥远的某个恒星上有理性社会及文明存在,他们的活动所产生的无线电波(电磁波的一种)就会自觉或不自觉地向外发送,并很可能会传到地球。这台射电望远镜就可能接收到外星射电波,从而获得地外文明存在的信息。

(2) 寻找第一代诞生的天体

这台望远镜的观测能力可以延伸到宇宙边缘,可以观测暗物质和暗能量,寻找第一代天体,用一年时间可以发现约 7 000 颗脉冲星。

(3) 其他使命

诊断识别微弱的空间信号,作为被动战略雷达为国家安全服务;跟踪探测日冕物质抛射事件,服务于太空天气预报;研究极端状态下的物质结构与物理规律;检测引力波;为天体超精细结构成像。

24. 何谓「大数据」？

大数据是其大小超出常规的数据库，是获取、存储、管理和分析能力的数据集，它除了数据量庞大之外，还有一些其他特征，这些特征决定了大数据不同于通常的"海量数据"和"非常大的数据"，最重要的一点是大数据的价值并非数据本身，而是由大数据所反映的"大决策""大知识""大问题"等。

1. 大数据的特征

（1）数据体量巨大

包含巨大的数据量和数据完整性，收集和分析的数量从太字节级别跃升到拍字节级别。

（2）种类多

大数据来自多种多样数据源，数据种类和格式众多，包含结构化、半结构化和非结构化等数据形式，有图片、地理位置信息、视频、网络日志等形式。

（3）处理速度快

需要对数据近实时分析，追求数据的及时性和使用效率，更快地满足实时性需求。

（4）价值密度低

就像沙子里淘金，数据量越大，真正有价值的信息会越少，需要利用云计算、智能化开源实现平台等技术，提取有价值的信息，将各种信息转化为知识，发现规律，最终用知识促成正确的决策和行动。

2. 与传统数据库和大数据的比较

从数据库到大数据，看似简单的技术升级，却存在本质区别。传统数据库时代的数据管理可以看作"池塘捕鱼"，而大数据时代的数据管理类似"大海捕鱼"。

传统数据库和大数据比较

项目	传统数据库	大数据
数据规模	以 MB 为基本单位	常以 GB,甚至是 TB、PB 为基本处理单位
数据类型	数据种类单一,往往仅有一种或少数几种,且以结构化数据为主	种类繁多,数以千计,包括结构化、半结构化和非结构化数据
产生模式	先有模式,才会产生数据	难以预先确定模式,模式只有在数据出现之后才能确定,且模式随着数据量的增长不断演化
处理对象	数据仅作为处理对象	数据作为一种资源来辅助解决其他诸多领域问题
处理工具	一种或少数几种就可以应对	不可能存在一种工具处理大数据,需要多种不同处理工具应对

3. 应用领域

商业是大数据应用最广泛的领域,例如,通过销售数据分析,了解顾客购物习惯等。

收集大量临床医疗信息,通过大数据处理,让医生给病人的诊断更为精确,实现对症下药的个性化治疗;公共卫生部门能快速检测传染病,全面监测疫情。

大数据在金融业也有着相当重要的作用,如经过交叉分享和索引处理,能够得出消费者的个人信用评分,推断客户支付意向与支付能力,发现潜在的欺诈。

在海量信息中挖掘出需要的信息,通过分析工具加快报表进程,推动决策、规避风险,并获取重要的信息。

4. 大数据处理流程

(1) 数据采集

这是大数据处理流程中最基础的一步,目前常用的数据采集手段有传感器收取、射频识别数据检索分类工具等。

(2) 数据处理与集成

从各种渠道获取的数据种类和结构都非常复杂,首先需要将这些结构复杂的数据转换为单一的或是便于处理的结构;这些数据里并不是所有的信息都是必需的,会掺杂很多噪音和干扰项,因此还需"去噪"和"清洗"。常用的方法是,在数据处理的过程中设计一些数据过滤器,通过聚类或关联分析的方法,将无用或错误的离群数据挑出来过滤掉,然后集成和存储这些整理好的数据。

(3) 数据分析

根据应用需求,进一步处理和分析数据。传统的数据处理分析方法有数据挖掘、机器学习、智能算法、统计分析等,现在主要利用云计算技术。

(4) 数据解释

解释与展示大数据分析结果。主要采用数据可视化技术解释,形象地向用户展示数据分析结果,更方便用户的理解和接受。

25. 软件工程是什么？

　　软件工程是应用计算机科学、数学及管理科学原理，开发软件，制造出满足用户需求且达到工程目标的软件产品，包括软件开发方法和技术、软件开发工具和软件工程管理。

1. 软件开发技术

　　软件包含大量的组件并且存在很多复杂的交互，软件工程的主要工作就是提供新的模型和先进的技术，更容易处理这些复杂问题。

　　(1) 结构化技术

　　将要解决的问题逐步分解，直到每个小问题足够简单，而且易于处理。这种方法对小规模系统很有效。

　　(2) 面向对象技术

　　分析用户需求，从问题中抽取对象模型；将模型细化，设计类，包括类的属性和类间相互关系，同时考察是否有可以直接引用已有类或部件；选定一种面向对象的编程语言，具体编码实现上一阶段的设计，并在开发过程中测试，完善整个解决方案。

　　(3) 组件技术

　　这是利用现有的组件来实现功能更强大的系统。基于组件设计的系统，维护相对局部化，很少波及系统中其他的组件。它可由第三方厂商开发和生产，大大减少开发时间并提高可靠性。

(4) 设计模式技术

它也是一种在面向对象领域中重用设计信息的方法。所谓模式是一定的上下文环境下的问题的解决方案。模式的基本结构包括模式名称、问题说明、问题出现的上下文、解决方案等。

(5) 软件框架结构技术

它是设计模式的具体化,是一种重用设计和代码技术。

2. 软件开发工具

这是开发软件的工具,是在高级程序设计语言(第三代语言)的基础上,提高软件开发的质量和效率,为软件开发者提供各种新型软件。这类软件必须支持软件开发全过程的各个阶段。

软件开发工具包括总控部分与人机界面、信息库及其管理、文档生成与代码生成、项目管理与版本管理4大部分。总控部分与人机界面是软件开发工具的核心,负责各工作环节之间的协调与配合,实现面向使用者、保证信息的准确传递,以及保证系统的开放性和灵活性等目的。

3. 软件工程管理

为了完成一个项目的需求和目的,将相应的知识、技术、工具以及技巧运用到该项目的具体事务中去,是保证软件产品的成本、进度、质量以及按时交付的重要因素。管理工作必须开始于软件开发工作之前,并且要始终贯穿于整个软件开发过程之中,最后结束于整个软件工程所有工作终止之时。

26. 怎样自动识别指纹？

这是在计算机的帮助下识别指纹,通过庞大的数据库,查找可能相同的指纹信息的技术,是集传感器技术、生物技术、数字图像处理、模匹配、电子技术于一体的高新技术。

1. 基本原理

每个人的指纹各不相同,终身不变。利用识别算法,将所有的指纹图像按照统一标准,换算成为数字信息,储存在计算机数据库中,利用计算机就可以通过指纹找到指纹的主人。

2. 主要技术单元

(1) 指纹采集

较早出现的活体指纹采集设备是光电式的,现在仍为大多数自动指纹识别系统所使用。后来出现了电容和电感式的采集设备。需处理的问题是,如何正确、可靠地采集磨损严重的指纹或脏、湿、干的指纹,而且要减少采集时的变形。

(2) 指纹分类

虽然纹线的全局结构模式因人而异,但种类却是很有限的,主要是根据指纹中的两类特殊结构,即中心点、三角点的数目和位置不同划分为不同类型。

(3) 指纹细节特征定义和提取

自动指纹识别技术一般使用两种细节特征:纹线端点和分叉点。纹线端点指的是纹线突然结束的位置,而纹线分叉点则是纹线突然一分为二的位置。特征提取是通过算法检测指纹中这两类特征点的数量以及每个特征点的类型、位置和所在区域的纹线方向，由图像与背景分离、方向信息提取、纹线提取、图像分割、图像细化和细节特征提取等步骤组成。

（4）指纹匹配

尽管中心点、三角点的有无、数目和位置以及纹线数等在一定程度上体现了指纹的个性，但指纹的唯一性却是由局部的纹线特征以及它们的相互关系来决定的。

指纹匹配是比较两枚指纹的局部纹线特征和相互关系，来决定指纹的唯一性。一般只要比对 13 个特征点重合，就可以确认为这两枚指纹来自于同一个手指。由于计算机处理指纹只涉及有限信息，而且比对算法并不是精确匹配，其结果也不能保证100% 准确。权威机构认为，在应用中 1% 的误判率就可以接受。

交叉

中心点

分叉点

端点

小岛

三角点

汗腺孔

27. 电子商务是怎么回事？

电子商务是利用网络上建立的虚拟商店进行的商品交易。传统的商品放在仓库或货架上，而电子商务中的商品都放在数据库里，并且加以分类，以方便购物者轻松查询。

1. 电子购物的优势

商家可以省去固定店铺的租借费用、水电费，还可以节省大量的员工雇佣费用，大大降低了成本。能够在任何时间、任何地点提供任何产品，真正做到足不出户购物。网上商家可以提供比真实商店多得多的商品，可挑选的品种更多。

2. 购物步骤

（1）挑选商品

用电脑通过大众公用网络浏览、挑选物品。

（2）提交订货单

在电脑上提交订货单，即购买什么样的商品、购买多少，订单上注明送货物时间、地址以及收货人等信息。

（3）接收返回订货单

服务器与电子商铺联系，并立即得到应答，返回消费者所购货物的单价、应付款数、交货等信息。

（4）付款

消费者确认返回的订单后，通过电子手段支付费用。

(5) 确认付款

如果商业银行确认后拒绝并且不予授权,则说明银行卡余额不足,或已经透支。可以再选择其他电子支付手段,直到支付成功。

(6) 接收返回电子账单

经商业银行证明银行卡有效并授权后,销售商店确认发货并留下整个交易财务数据,将电子收据发送给消费者。

(7) 收货

上述交易成交后,销售商店就按照消费者提供的电子订货单将货物发送给收货人。

手续似乎复杂,但在实际操作过程仅用5～20秒的时间。

3. 影响电子购物质量的因素

(1) 安全性

安全性是消费者决定是否进行电子购物的首要顾虑。

(2) 信任性

消费者会考虑,商品质量有不确定性,付款后能否如期收到货,以及个人信息是否会被泄露。消费者容易受到损害信任的伤害。

(3) 响应性

消费者除了要求电子购物平台页面打开速度快,还要求提供即时服务,如疑问的解答速度,要求平台的交易流程易用性,交易确认快速。

(4) 个性化/定制化

个性化在电子购物交易中能够很好地体现网站对消费者的关心,同时还能提供增值服务。

28. 你的计算机安全吗?

计算机安全是指计算机资产安全,即其保密性、完整性(信息不被窜改和破坏)和可存取性(防止信息失效或变得不可存取),主要包括操作系统安全、数据库安全和网络安全。

1. 操作系统安全

操作系统是计算机系统中最重要的软件,是攻击的主要目标。保障操作系统的安全运行,防止各种针对操作系统的恶意攻击,避免用户的错误操作给操作系统带来的危害,就成为了计算机系统安全的重要内容。

(1) 过滤保护

分析所有针对受保护对象的访问,过滤恶意攻击以及可能带来不安全因素的非法访问。

(2) 安全检测保护

分析用户的操作,阻止超越权限的以及可能给操作系统带来不安全因素的用户操作。

(3) 隔离保护

在支持多进程和多线程的操作系统中,同时运行的多个进程和线程之间是相互隔离的,即各个进程和线程分别调用不同的系统资源。

2. 数据库安全

数据库安全就是保证数据库信息的保密性、完整性、一致性和可用性。保密性指保护数据库中的数据不被泄露和未授权地获取;完整性指保护数据库中的数据不被破坏和删除;一致性指确保数据库中的数据满足实体完整性、参照完整性和用户定义完整性要求;可用性指确保数据库中的数据不因人为的和自然的原因对授权用户不可用。

数据库安全通常通过存取管理、安全管理和数据库加密来实现。

3. 计算机网络安全

这是指网络系统的硬件、软件及其系统的数据受到保护,不受偶然的或者恶意的原因而遭到破坏、更改、泄露,系统连续可靠运行,网络服务不中断。

(1) 传统网络安全技术

防火墙:是一种专属硬件,也可以是架设在一般硬件上的一套软件。

访问控制技术:通过设置访问权限来限制访问,阻止未经允许的用户有意或无意地获取数据的技术。

防病毒技术:网络操作系统和应用程序集成防病毒技术、集成化网络防病毒技术、网络开放式防病毒技术等。

数据加密:在数据传输时,对信息进行一些加法运算,将其重新编码,从而隐藏信息,使非法用户无法读取信息内容,保护信息系统和数据的安全性。

(2) 网络安全新型技术

入侵检测系统技术收集并分析网络或者计算机系统中若干关键点信息,检测其中是否有违反安全策略的行为,是否受到攻击,发现入侵行为和合法用户滥用特权的行为。

虚拟专用网（VPN）是一种公共数据网连接到私人局域网的技术。

云安全是通过网络的大量客服端监测网络中软件的异常行为，获取互联网中木马、恶意程序的最新信息，推送到服务端进行分析和处理，再把病毒和木马的解决方案分发到每一个客服端。

4. 计算机操作安全

（1）定时、定期地给计算机系统打最新的系统补丁

补丁是在原程序之后加入的一段小程序代码，用来弥补原程序中的不足。计算机的病毒种类千变万化，其中大多数病毒对计算机的入侵均利用了计算机系统的漏洞，例如蠕虫病毒。

（2）减少计算机共享

在常用的操作系统中，系统对每一个盘符都有默认共享，这就为黑客进入系统，盗走信息开了方便之门，因此使用过程中应关闭无用的默认共享。

（3）保证用户角色明确性

在计算机内添加更多的用户账户，对于不同角色的用户，可根据需要来设置其在计算机内的权限，保证计算机中个人信息的安全。

（4）尽量避免计算机远程访问

在计算机网络中有很多的攻击都来自于远程访问。

办公自动化(OA)是将现代化办公和计算机网络功能结合起来的一种新型的办公方式。

1. 办公自动化系统功能

(1) 事务处理型办公自动化系统

该系统是单机系统,也可以是一个机关单位内的各办公室完成基本办公事务处理和行政事务处理的网络系统。

办公事务处理主要执行日常办公事务,涉及大量的基础性工作,包括文字处理、电子排版、电子表格处理、文件收发、电子文档管理、办公日程管理、人事管理、财务统计、报表处理、个人数据库等最基本的办公事务处理。

(2) 信息管理型的办公系统

由组织机构的全局性数据库系统组成,把事务型办公系统和综合信息紧密结合的一体化的办公信息处理系统。它由事务型办公系统支持,以管理控制活动为主,除了具备事务型办公系统的全部功能外,主要是增加了信息管理功能,提供整个组织机构日常管理或经营所必需使用的各类数据信息。

(3) 决策支持型办公自动化系统

这是在事务处理系统和信息管理系统的基础上增加了决策或辅助决策功能的最高级的办公自动化系统。使用综合数据库系统所提供的信息,针对需要做出决策的课题,构造或选用决策数字模型,结合有关内部和外部的条件,由计算机执行决策程序,做出相应的决策。它不同于一般的信息管理,它要协助决策者在求解问题答案的过程中方便地检索出相关的数据,对各种方案进行试验和比较,对结果进行优化。

2. 技术支撑

(1) 信息交换、传输加密技术、电子公文传输

数据交换:由集中部署的数据交换服务器以及各类数据接口适配器共同组成,解决数据采集、更新、汇总、分发、一致性等数据交换问题,解决按需查询、公共数据存取控制等问题。

信息传输加密技术:加密传输中的数据流,常用方法有节点加密、链路加密和端到端加密3种方式,可以在一定程度上提高数据传输的安全性,保证传输数据的完整性。

电子公文传输:利用计算机网络技术、版面处理与控制技术、安全技术等传输公务,代替传统的纸质公文传输模式,具有速度快、保密性好的特点。

(2) 业务协同技术

实现办公自动化中各业务信息的交流、组合以及信息共享等都可以看作协同办公。首先需要突破地理边界和组织边界,让处于不同地理位置、不同部门的人员可以无障碍交流;其次,需要管理整个协作过程,使相互协作的部门内部以及部门与部门之间,为共同目标,一致、协调运作,并将协作过程中产生的信息完整保留、整理后,以知识的形式实现再利用。

(3) 工作流技术

工作流是一类能够完全或者部分自动执行的经营过程。工作流技术是办公自动化中的重要技术,将独立零散的计算机应用综合化和集成化。在办公自动化中,工作流技术的实施是通过工作流管理系统来实现的。工作流管理系统是一个软件系统,它通过计算机技术的支持完成工作流的定义和管理。

(4) 办公门户技术

这是整合内容与应用程序,将机构内部各个不同应用系统界面和用户权限管理统一集成在标准的信息门户平台上,提供信息平台的统一入口,用户登录一次即可快速便捷地访问到分布在不同应用系统的信息资源。

30. 什么是电子家庭?

家里的电器数量都很大,如果能将这数量众多的家用电器和其他设备连接在一起,统一化、智能化管理,将为家庭成员提供集信息、娱乐、办公于一体的更舒适、有趣、便捷的生活环境。比如,乘坐的汽车在回家之前就把空调打开、启动微波炉加热食品、查录音电话、欣赏最新的 mp3 音乐。

电子家庭医生是一个系统,分别以家庭和远程服务中心为网络通信发送端和接收端。家庭的数据采集终端采集家庭成员的生理参数,通过网络通信输技术传递到远程服务器中心进行医学分析,并给出治疗信息,实现了以家庭为单位的"医院式"护理。这种医疗系统进入家庭后,居民不仅可以享受到医院的待遇,而且还可以节省高昂的医疗费用。

把工作带回家去成为一种新的效率更高的工作方式,家庭将成为工作单位,通过计算机控制、远距离监测,在家中就可以从事生产活动。将工作移至家中,可以大量减少花费在交通、能源、房地产和解决污染方面的费用。

在迅速发展的社会背景下,人们常常为了某种认同的价值观而转向。家庭成为共同生活和共同工作的单位时,家庭成员的亲和力增强,可使夫妻关系随着共同劳动而增强凝聚力,家庭将具有更多功能。

银行转账是人们在日常工作和生活中经常使用的一种资金交易方式。随着金融信息化的发展,拿支票或支付单据转账方式逐渐过渡到了更为便捷、高效的电子转账。电子转帐也叫电子资金划拨,是指以各种电子工具为手段,访问银行账户,向银行账户中存款、从银行账户中取款的一种转帐方式。电子转账是通过电子资金转账系统实现的。

1. 传统电子转账方式

(1) 柜台人工转账

这是最传统,也是最早的一种电子转账方式。这种方式最大的优点是安全,因为转账客户仅指定转账账户及金额,所有转账操作均由银行工作人员完成,而且有转账凭单。客户可以亲眼见证银行工作人员将钱转入指定的账户,心中也觉得很踏实。因此,这种传统的转账方式受到了大部分中老年人的偏爱。

(2) ATM 机自助转账

在 ATM 机自行操作转账,与柜台方式相比,可以免去排队的苦恼,但转账操作因步骤多而相对复杂;转账金额有限,一般当日金额不超过 5 万元,不适用一次大额转账。

(3) 电话银行转账

开通电话银行业务,与银行签约,足不出户,比较方便。手续费相对也较低,同行转账一般免手续费,异地或跨行一般收取 0.2%～0.9% 的手续费。

由于普通电话都属公共通信工具,其中传输的数据没有加密,因此交易密码等数据一旦被截获,就会造成账户信息泄露,可能导致经济损失。

2. 互联网转账方式

(1) 网上银行转账

网上银行转账需要到银行柜台签约,开通网银转账功能,并设置转账额度及交易验证等安全措施。转账时除必须输入账户交易密码进行验证外,还必须有一种或以上的其他安全验证方式,如U盾、口令卡、动态口令(短信密码、硬件令牌、手机令牌、软件令牌)等,其中,U盾的安全性最高,其转账金额额度也最大。用这种工具转账一般都能实时到账。

(2) 手机银行转账

手机银行是网上银行的延伸,只需一部手机,就可以办理大部分银行业务。相比网上银行转账(不用U盾),手机银行转账的安全性更高,一般不易受黑客攻击,私密性也更好。开通手机银行转账功能也需要到银行柜台签约。

(3) 第三方支付平台转账

第三方支付(即非金融机构支付服务)是指收、付款人之外的第三方机构,作为收、付款人之间的中介,为二者办理支付业务(网络支付、预付卡发行与管理、银行卡收单等),如支付宝。

四、智能制造技术

普通打印机能打印一些文档、图片等平面资料,称为 2D 打印。3D 打印是一种快速成型的先进制造技术,又称为增材制造技术。这里的 3D 主要指基于电脑和互联网的数字化立体技术,也就是三维数字化。3D 打印出的都是物理材质制成的立体制品,所用的设备是 3D 打印机。

32. 什么是 3D 打印?

1. 工作原理

3D 打印可以概括为逐层打印和层层堆叠。将设计转化为 3D 数据,然后采用分层加工、叠加成形,逐层增加材料,"打印"出 3D 实体。

2. 打印方法和使用材料

打印方法主要有熔融沉积式、金属粉末激光烧结法、分层实体制造法、数字光处理法等。在实际应用中,往往需要结合制造方法的特点选择合适的打印材料。可以用于 3D 打印的材料主要有 5 大类:工程塑料、光敏树脂、橡胶类材料、金属材料和陶瓷材料。

3. 工作过程

(1) 三维建模

三维(3D)建模是 3D 打印的前提,相当于平面印刷中的"原稿"。比如,CAD、Pro/e 等矢量建模软件都可以轻易地实现。

(2) 模型分层

3D 打印机无法直接读取 3D 模型数据,需要与打印机相适配的专业软件将输入的 3D 数据模型在竖直(Z)方向上分成若干薄层,薄层的厚度由打印机的种类和特性决定,一般为几十微米到几百微米不等。分割工序也是由软件来实现,类似于打印机的驱动程序。

(3) 逐层打印

根据分层后的模型,3D 打印机将准备好的原材料均匀地涂抹在 $X - Y$ 平面内,材料黏结成模型截面的形状,然后在该层截面上涂抹下一层,如此往复。

(4) 后期处理

因为模型是逐层打印的,精度一般达不到 10 微米,所以,模型的表面比较粗糙,甚至会有毛刺。打印出的模型往往需要后期处理,打磨、修整、上色,最后形成成品。

4. 主要特点

传统制造实际上是去除材料的过程,材料利用率不高。3D 打印不是去除材料的制造,节省了制造模具,不需要传统的专业生产设备,极大地缩短了生产制造周期。

一些结构复杂的物体,传统的制造方法程序繁杂,不易制造;无论结构多么复杂,3D 打印都可以轻松地制造出模型,使设计想法不再受有限的制造设备的禁锢。

33. 树叶能人工制造吗？

1. 第一片人工树叶

1998 年，美国国家可再生能源实验室的约翰·特纳成功地制造出第一片人工树叶。和自然界的树叶一样，它可以进行光合作用，释放出氧气，需要的却仅仅是一点阳光和水，而且"工作"效率比自然界的树叶还提高了 49％。

制造这片树叶的材料是蚕丝和叶绿素。先将蚕丝处理成能够"安顿"住叶绿素的"房子"，再注入从植物中提取出的叶绿素，经过处理后就制成一片清新的绿油油的人造叶子。

人造树叶可以用作有氧灯罩，还可以挂上墙壁，做电视墙，净化室内空气；也可以当作外墙涂层，用以减少雾霾；最不可思议的是，如果将它们带上太空，还可以为宇航员提供源源不断的氧气。

2. 太阳能人造树叶

2011年美国麻省理工学院教授丹尼尔·诺塞拉研制出第一片实用型人造树叶，它利用光合作用把阳光和水转变成能量。

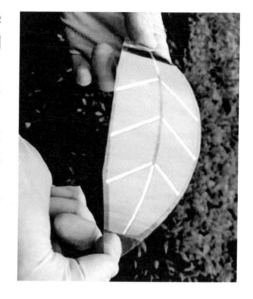

这款人造树叶有一个太阳光收集器，夹在两片薄膜之间，一边的薄膜片是镍钼锌化合物做的，另一边是钴化合物(磷酸钴)薄膜，只有扑克牌大小。把树叶浸入一瓶水中，在阳光的照射下它就会冒泡，这两片薄膜会生成氧气和氢气。氢气可用于燃料电池，用于发电。利用这种"人造树叶"将太阳能转化成电能，实现真正零排放。

这款人造树叶虽然在外表上和真叶子有明显差异，却有着相似的功能，通过光合作用将太阳光能转化为我们需要的能量。这种人造树叶光合作用的效率更高，大约是自然树叶的10倍，将一加仑水(约合3.78升)和人造树叶放置在阳光下，生成的电量足够一间房子一天的需求。

34. 怎样人工制造『反物质』？

每一种粒子都有对应的反粒子。例如,电子的反粒子是正电子,它的质量、电荷量均与电子相同,但带正电荷,这些反粒子结合在一起构成反物质。比如,正电子和一个反质子可以构成一个反氢原子,这是常见的反物质。反物质一旦同物质接触,就会同时湮灭,因此反物质非常短命。

1. 反物质的制造

1955 年,美国研究人员制造出了第一个反质子,即电荷为负的质子。1995 年,欧洲核子研究中心(CERN)制造出了世界上第一批反物质——反氢原子。西欧核子中心的低能反质子环形器(LEAR)每小时能产生 $10^{12}\sim10^{13}$ 个反质子。如果把反质子和正电子结合起来形成反氢原子,那么每天的产量将达到 1 毫克。2011年,中国科学技术大学与美国科学家合作制造了迄今最重的反物质粒子——反氦 4。

2. **应用潜力巨大**

(1) 用作超高速火箭的推进剂

正、反物质相遇时释放出巨额能量,1 克反质子与 1 克质子相遇能释放出高达 2×10^{14} 焦耳的能量。要将人送上火星或远外空间,要求飞船有更高的飞行速度,采用化学燃料作推进剂显然已不能满足要求。只要大约数十克糖块大小的反质子燃料就够了,而且采用反物质燃料的火箭飞行速度快得多,可长时间运行。

(2) 触发核聚变

使用反物质能大大降低聚变反应要求(这种聚变也称为冷聚变),不仅可以使氢弹小型化,而且使超高当量的氢弹成为可能。

(3) 新的医疗手段

反物质是一种潜在治疗癌症的手段。粒子束攻击肿瘤,会在安全地穿越健康组织之后,释放出能量,杀伤癌细胞,使用反质子可以添加另一束能量,杀伤更有效。

35.

光镊能干什么？

通常的镊子是用金属、竹子或者塑料制作的，靠手施加压力夹住东西。光镊是靠光束的力量夹住东西，不会造成损伤。

1. 工作原理

强聚焦的激光在其传播方向上和与之垂直的平面上同时形成梯度力光阱，进入光阱的原子、微粒、细胞、生物分子等将被囚禁在光阱中心。移动光阱，可以相应地迁移它们。

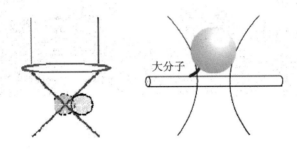

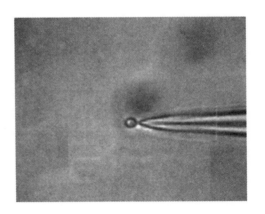

2. 光镊用途

光镊可以捕获单个活细胞甚至在细胞内操纵细胞器,完成注入细胞融合、染色体切割与分选、细胞转基因操纵、微细手术等精细操作。还可以用来探测生物细胞以及分子马达的动力学特性、DNA 的折叠、细胞膜弹性参数的测量以及分散体系的研究。在胶体物理的研究中,利用光镊产生的微小作用力(飞牛至几百皮牛量级),可以操作微小粒子,研究反常物理现象。

在纳米生物科技领域,它是生物分子器件组装的理想工具。在工业领域,可用于对微小零部件和物体加工、调整、装配等微操作,如微齿轮的抓取和释放等。

3. 光镊构造

(1) 捕获系统

捕获系统的主要功能是产生高度聚焦的激光束,构成光梯度力光阱,实现夹持和移动,主要由激光器、准直透镜、扩束系统、显微物镜、三维微位移平台等组成。

(2) 成像系统

它的主要功能是对捕获的微粒成像并进行特征信息分析,如微粒的位置、位移量、微粒数量及形状等信息。主要由照明光源、聚焦透镜、显微物镜、CCD 相机及计算机等组成。

36. 单分子电子开关器件是什么？

开关是组装逻辑电路的最基本单元之一。1999 年，发现一种单有机电双稳分子，它在还原态时可因共振隧道效应而导电，而在氧化态时具有高阻而断电，作成单分子电子开关，替代传统的硅基固体开关。

做分子开关器件的分子需要有两种稳定的导电状态，而且在某些特定外部激发下，如化学激发、光激发、外电场调控或受力等，其导电状态间可以相互转换。

1. 化学反应分子开关

2006 年制成了有蒽醌基团的分子开关，这是通过氧化还原反应实现分子导通与关闭的分子开关。

2. 光控分子开关

光照改变分子的电子结构，器件在光照前后导电效果显著改

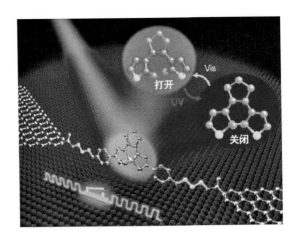

变。最常用的是光照改变分子几何构型,致使分子的电子结构产生变化。2006 年,用硫醇基团将二芳基乙烯连接到金电极表面上,在可见光照射下,环化的中心分子结构发生改变,中心环打开,电导率显著降低;采用紫外光照射分子,分子结构中心再次环化,导电率显著增大。于是采用不同波长光照,实现了双向分子开关。

3. 外电场分子开关

分子能级除了受到外加偏压电场移动外,也会随着外电场的改变而移动。2012 年,向一个具有供电/吸电基团的分子施加电场,分子内电荷转移,实现了开关作用;某些单分子结构中,在外电场的作用下可以显著改变分子结构的构型,也可做成单分子开关。

4. 外力分子开关

外力改变分子结构的几何构型,调整分子器件电输运性质,构建分子开关。转动中心苯环,改变相邻两苯环间夹角的大小,电导率表现出与夹角余弦平方成正比的关系,形成了单分子开关。2011 年,设计了具有 π 共轭性质的苯乙炔撑共聚物分子关。

　　机器人是自动执行指令开展工作的机器，可以接受人的指挥，又可以按预先编排的程序工作，协助或取代人类生产、服务等。世界上第一台真正实用的机器人在 20 世纪 60 年代初期诞生。

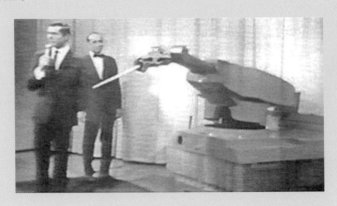

1. 构造

(1) 执行装置

　　执行装置相当于机器人的"身体"，臂部一般采用空间开链连杆机构，其中的运动副(转动副或移动副)常称为关节，其数量通常即为机器人的自由度数。出于拟人化的考虑，常将机器人本体的有关部位分别称为基座、腰部、臂部、腕部、手部和腿部等。

(2) 驱动装置

　　驱使执行机构运动的装置主要是电力驱动装置，如步进电机、伺服电机等，此外也有采用液压、气动等驱动装置。由控制系统发出指令信号，驱动装置驱使机器人动作。

(3) 检测装置

实时检测机器人的运动状况及工作情况,并反馈给控制系统,与设定信息比较后,调整执行机构,保证机器人的动作符合预定的要求。检测装置的传感器大致可以分为两类:一类是内部信息传感器,用于检测机器人各部分的内部状况,如各关节的位置、速度、加速度等,所测得的信息作为反馈信号送至控制系统,形成闭环控制;另一类是外部信息传感器,用于获取有关机器人的作业对象及外界环境等方面的信息,以使机器人的动作能适应外界情况变化。

(4) 控制系统

有两种控制方式:一种是集中控制,全部控制由一台微型计算机完成;另一种是分散式控制,即采用多台微机分别控制。根据作业任务要求的不同,机器人的控制方式又可分为点位控制、连续轨迹控制和力(力矩)控制。

2. 机器人种类

(1) 工业机器人

工业机器人是面向工业领域的多关节机械手或多自由度机器人,主要应用行业是汽车和摩托车制造、金属冷加工、金属铸造与锻造、冶金、石化、塑料制品等。工业机器人已经可替代人工完成装配、焊接、浇铸、喷涂、打磨、抛光等复杂工作以及代替人工从事的各种繁重枯燥作业。

(2) 特种机器人

这是除工业机器人之外的、用于非制造业以及服务业的各种机器人,包括服务机器人、水下机器人、娱乐机器人、军用机器人、农业机器人、机器人化机器等。

38. 什么是人机系统？

这是由人和机器构成并依赖于人机之间信息交互而完成一定功能的系统，由相互联系的人与机器两个子系统构成。

1. 关键技术

（1）人机交互技术

人机系统的工作过程是通过人机交互组成的系统，实现对环境的感知和作用的过程，因此人机交互是人机系统中的关键技术之一。人机交互是人与机器信息交换的过程：一方面将人的输出信息发向机器，成为机器的输入信息；另一方面将机器的输出信息发向人，转换为人的输入信息。

（2）功能分配

根据系统工作要求，使人机系统可靠、有效地发挥作用，达到人与机器的最佳配合。人机功能分配需参照人和机器各自的功能特点，在分析人和机器特性的基础上，充分发挥人和机器的潜能，将系统各项功能合理地分配给人和机器。

2. 主要构件

显示器是人机界面的重要组成部分，其功能是向人提供各种有关的信息。显示器一般可分为视觉、听觉、触觉和嗅觉等显示器，必须满足明显醒目、清晰、可懂这 3 个基本要求。

控制器的功能是将人的有关控制信息传递给机器。最常见的控制器是手、足控制器和言语控制器。

3. 人机系统类型

（1）人工系统

人工系统主要由人和人所使用的辅助机械或工具组成。人向系统提供所需要的动力,并控制整个运作过程;辅助机械和工具都不具备动力而只起辅助人力的作用。这种类型的人工系统已逐渐淘汰。

(2) 半自动化系统

人是运作过程的控制者,操纵具有动力的机械,通过人与机器相互作用,感知运作过程的信息,借助于控制器来操作机器。

(3) 自动化系统

信息的接受、处理、执行等功能全部由机器完成,人通过显示器监控运作全过程,处理机器自动化过程中的意外事件。

4. 典型人机系统

(1) 人机学习系统

人机系统同时包括人系统与机系统,这就为机器提供了学习环境。具有学习功能的人机系统能提高系统决策能力。

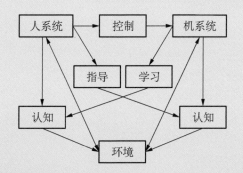

(2) 人机器人系统

人与机器人的结合成为人机系统中重要的组成类型,遥控机器人与半自主机器人在工作过程中都需要有人的因素作为控制决策系统或辅助系统,因此这两种机器人都可归属于人机系统或智能人机系统。

39. 什么是人工智能？

人工智能(AI)是一门研究和开发用于模拟和拓展人类智能的理论方法和技术手段的新兴科学技术。人工智能不是人类智能，但能像人那样思考，在某些方面有可能超过人类智能，具有很强的自主意识，既可以按照人预先设定的指令工作，也可以根据具体环境决定做什么、怎么做，具有主动处理事务的能力。

1. 主要支撑技术

(1) 专家系统技术

这是一种具有智能的软件，将探讨的普遍思维方式转换成一种特殊知识求解的专门问题。它借助特定领域专家提供的专门知识和经验，并结合人工智能的推理技术，解决各种复杂问题。专家系统所要解决的问题一般无算法解，经常在不完全、不精确或不确定的信息基础上作出结论。

(2) 机器学习技术

计算机模拟或实现人类学习活动的技术。机器学习技术是计算机具有智能的根本途径，还有助于发现人类学习的机理和揭示人脑的奥秘。

(3) 模式识别技术

用计算机代替人类或帮助人类感知，能让计算机系统模拟人类，通过感觉器官对外界产生各种感知。

(4) 人工神经网络

根据生物神经网络机理，按照控制工程的思路及数学描述方法，建立相应的数学模型并采用适当的算法，有针对性地确定数学模型参数。擅长处理复杂多维的非线性问题，不但可以解决定性问题，也可解决定量的问题，同时还具有大规模并行处理和分布的信息存储能力，具有良好的自适应、自组织性以及很强的学习、联想、容错,和较好的可靠性。

(5) 人工生命技术

计算机仿真体现自适应机理,对相关非线性对象进行更真实的动态描述,主要包括仿生技术、人工建模与仿真技术、人工生命的计算理论等。

2. 应用领域

(1) 自然科学

在需要使用数学计算机工具解决问题的学科,人工智能带来的帮助不言而喻。更重要的是,人工智能反过来有助于人类最终认识自身智能的形成。

(2) 经济领域

专家系统深入各行各业,带来巨大的宏观效益;人工智能也促进了计算机工业网络的发展。

(3) 社会发展

为人类文化生活提供了新的模式。现有的游戏将逐步发展为更高智能的交互式文化娱乐手段。

普通汽车安装了各种智能系统，不需要人驾驶，它本身具备智能环境的感知能力，能够自动分析车辆行驶的安全及危险状态，并到达目的地。智能汽车实际上是车和智能公路组成的系统。

1. 工作原理

智能汽车的眼睛是装在汽车右前方、上下相隔 50 厘米的两台摄像机。摄像机内有一个发光装置。如果前方有障碍物，"眼睛"就会向智能驾驶系统发出信号，智能驾驶系统根据信号和实际情况，判断是否直行通过、绕道，或者减速或紧急制动，并选择最佳方案，然后以电信号的方式指挥汽车的转向器、制动器实施相应的动作。

2. 基本构件

导航信息资料库存有全国高速公路、普通公路、城市道路以及各种服务设施(餐饮、旅馆、加油站、景点、停车场)的信息资料。

定位系统精确定位车辆所在的位置，并与道路资料库中的数据比较，确定以后的行驶方向。

智能驾驶系统包括智能传感系统、智能计算机系统、辅助驾驶系统、智能公交系统等，控制汽车的点火、改变速度和转向等。

道路状况信息系统获取由交通管理中心提供的实时前方道路状况信息，如堵车、事故等，必要时及时改变行驶路线。

车辆防碰系统包括探测雷达、信息处理系统、驾驶控制系统，控制与其他车辆的距离，在探测到障碍物时及时减速或刹车，并把信息传给指挥中心和其他车辆。

如果出了事故，紧急报警系统自动报告交通管理指挥中心请求救援。

无线通信系统建立汽车与交通管理中心联络。

3. 社会效益

(1) 减少交通事故

交通事故在很大程度上由人为因素造成,智能汽车由行车电脑精确控制,可以减少酒驾、疲劳驾驶、超速等人为不遵守交通规则导致的交通事故。

(2) 提高通行能力

至少使现有高速公路的交通量增加 1 倍,可使城市交通堵塞和拥挤造成的损失分别减少 25%～40%,也大大提高公路交通的安全性。

(3) 节能

智能汽车可以统筹安排车辆使用,提高车辆的使用效率,减少车辆消费总量,减少碳排放。另一方面,智能汽车可以根据实时路况自动选择到达目的地的最优路径,能源消耗更少,降低汽车油耗。

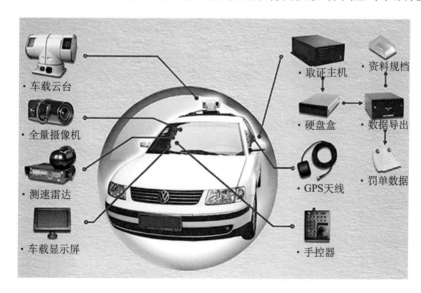

再制造是在原有产业的基础上,利用技术手段修复和改造废旧产品。再制造的产品在技术性能和质量上都能达到甚至超过原产品水平。

再制造是以报废零、部件为毛坯的批量生产,制造成本将远远低于从原材料开始进行制造所需的成本。再制造可以大量节约与制造过程有关的各种资源,及避免由此而引起的各种环境污染,使报废产品的零、部件得到最大限度的重复使用。

 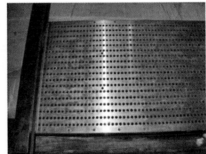

1. 再制造需要满足的条件

产品价值或所耗费的资源十分低廉的产品没有再制造的价值。再制造需要考量 3 个因素。

(1) 技术因素

再制造不是简单的翻旧换新,而是一种专门的技术和工艺,技术含量较高。

(2) 产业化因素

再制造的对象必须是可以标准化或具有互换性的产品,而且具有足够的技术或市场支撑,能够实现规模化和产业化生产。

(3) 对象因素

首先必须是耐用产品且功能失效,其次必须是剩余附加值较高的且获得失效功能的费用低于产品的残余增值等。

2. 再制造工艺流程

一个完整的再制造工艺流程可以划分为 3 个阶段：拆卸,将装置的单元机构拆散为单一的零部件;检查,将不可继续使用的零部件再制造维修,并进行相关的测试、升级,使得其性能能够满足使用要求;将维修好的零部件进行重新组装。一旦发现装配过程中出现不匹配等现象,还需二次优化。

3. 应用领域

重点应用领域有两个方面。

(1) 汽车零部件再制造,重点是汽车发动机、变速箱、发电机等零部件,传动轴、压缩机、机油泵、水泵等部件。

(2) 工程设备,重点是工程机械、工业机电设备、机床、矿采机械、铁路机车装备、船舶及办公信息设备等。

五、新材料技术

42. 超导材料有什么用？

　　超导指某些材料当温度下降至一定值时,电阻突然趋近于零的现象。完全导电性又称零电阻性。把超导材料温度降到临界温度 T_c 时,电阻变为零,能够无损耗地传输电能;用磁场在超导材料环中引发感应电流,这一电流可以毫不衰减地维持下去。这种特性只针对直流电,处于交变电流或交变磁场的情况下会出现交流损耗,而且交流电频率越高,损耗越大。

　　超导材料的抗磁性是指只要外加磁场不超过一定数值,磁力线无法穿进材料里面,而是绕过材料的外边缘,在材料内部的磁场强度为零。

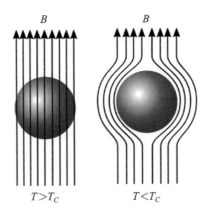

$$T>T_C \qquad\qquad T<T_C$$

1. 临界参数
　　温度低于临界转变温度 T_c 时超导材料处于超导态;当温度超过临界转变温度 T_c 时,恢复为正常状态。
　　当外界磁场强度超过临界磁场强度 H_c 时,超导材料由超导体恢复为正常状态。

当通过超导材料的电流密度超过临界电流密度 J_c 时,超导材料将由超导状态恢复为正常状态。临界电流密度 J_c 与温度、磁场强度有关。

2. 分类

根据临界温度划分为高温超导材料和低温超导材料。高温超导材料通常是指临界温度高于液氮温度(77 开)的,低温超导体通常是指其临界温度低于液氮温度的。

自 1986 年发现高温超导材料(HTS)以来,已经发现了 100 多种高温超导材料,不过只有少数有实用价值,如 Bi‑2223 超导体、YBCO 超导体以及 MgB_2 超导体。其中 Bi‑2223 超导体被称为第一代高温超导材料,后面两种称为第二代高温超导材料,它们已经实现了规模化生产并开始逐步扩大应用范围。

3. 应用

(1)强电应用

由于超导材具有零电阻和完全的抗磁性,因此用于输电、储能、制造电机方面,可以节省大量的电能。

(2)弱电应用

用于灵敏度要求极高的测量,如测量弱磁场、重力加速度。超导材料做成的探矿仪器装在飞机上,可以在大概的区域内划分地下有无带磁性的矿藏或比重与周围不一样的矿藏。其他应用还有超导计算机、超导天线、超导微波器件等。

(3)抗磁性应用

抗磁性主要应用于磁悬浮列车和热核聚变反应堆等。

　　隐身技术是利用各种技术手段,最大程度地降低对方探测系统发现的概率。

1. 雷达隐身材料

　　在目标表面涂敷一些功能材料,散射或损耗雷达波能量,减弱雷达回波能量,目标物就不会被雷达发现。一般的目标物通常很难透过大量雷达波,所以雷达隐身材料一般是以吸波材料为主,主要有涂敷型吸波材料和结构型吸波材料两种。

　　(1) 涂敷型吸波材料

　　这是在目标表面涂覆的一层或多层吸波材料,使用方便,在军用飞机、坦克、舰船上都有很广泛的应用。干涉型材料是利用表面反射波和底层反射波的振幅相等而相位相反,相互抵消。吸收型材料利用旋波等作用机制,吸收雷达波电磁能量。

　　(2) 结构型吸波材料

　　它是一种多功能复合材料。按照结构形式其可分为混杂纤维增强复合材料、多层吸波复合材料以及夹芯结构复合材料。

2. 红外隐身材料

通常温度的物体发射红外波段即红外辐射。红外探测技术很发达,微弱的红外辐射都能探测到。不过,在目标物上涂敷红外隐身材料,遮盖物体的红外辐射就可以避免被发现。目前主要有降低材料红外辐射率和降低材料温度两种红外隐身材料。

3. 激光隐身材料

激光隐身过程与雷达隐身过程相类似,主要是降低目标表面对激光的反射系数,降低激光从目标物返回的激光能量,使敌方不能或难以探测到目标,实现隐身的目的。好的激光隐身材料应对特定波长的激光具有高的激光能量吸收率和低的反射率。激光隐身材料可分为涂料型和结构型两大类,其中涂料型用得最多。

4. 多波段复合兼容隐身材料

在实际境况下,可能同时面临雷达、红外、激光以及可见光等探测手段的威胁,复合隐身材料就是一种能够对雷达、红外以及激光同时具有很好隐身效果的隐身材料。

金属玻璃又称非晶态金属，是一种性能优异的新材料。金属玻璃中的"金属"由金属原材料熔炼而成；"玻璃"是一种玻璃态结构。

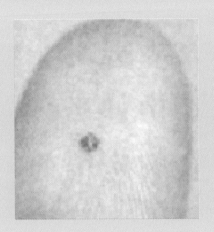

1. 扬长避短

玻璃很容易破碎，而金属则坚硬，不怕摔打；玻璃长期暴露在大气中不会生锈，也不怕酸、碱，而普通金属暴露在大气一段时间后就会生锈，既怕酸也怕碱。金属玻璃则是扬长避短，有金属硬度，不怕摔打，机械强度很高，又有玻璃稳定性，大气中不会生锈，以及具有不怕酸、碱的性能。还具有高导磁率、低矫顽力、磁损耗和良好的韧性、疲劳性等优秀特性。

2. 熔体快速冷却凝固法制造金属玻璃

玻璃的结构特征是内部原子或分子的排列杂乱无章，高度无序。金属的结构特征刚好相反，是有序分布。玻璃的制造是液体材料冷却成凝固态,成固体过程中没有结晶,属于非晶体材料;金属则材料在冷却凝固时结晶,是晶态材料。制造金属玻璃的基本办法就是液态材料快速冷却凝固,原子来不及形成有序排列的晶体结构,阻止金属熔体凝固过程中的晶体相形成,熔体原子无序的混乱排列状态就被冻结下来。

3. 块体金属玻璃制造

块体金属玻璃常指三维尺寸都在毫米以上的金属玻璃。采用熔体快速冷却凝固法制造金属玻璃,要求很高的冷却速率,形成的金属玻璃是很薄的条带或细丝状,因而限制了这类材料的应用范围,很多应用场合需要块体金属玻璃。制造块体金属玻璃的方法主要有多层膜界面固相反应方法、机械合金化法、反熔化方法、离子束混合和电子辐照法、氢化法、压致非晶化方法等,这些制造方法要求的温度冷却速率都不高。

这是一种具有"记忆"能力的合金材料,升高温度后能完全消除其在较低温度下发生的变形,恢复原始形状。

"阿波罗"11号登月舱的半球形天线就是用记忆合金材料制造的。先在其转变温度以上按预定要求制造好,然后降低温度并把它压成一团,装进登月舱带上太空,放置于月球后,在阳光照射下达到该形状记忆合金的转变温度时,天线"记"起了自己的本来面貌,变回原先那个巨大的半球天线。

1. 形状记忆效应

一般的金属材料受到外力作用后,首先发生弹性变形,达到屈服点后,产生塑性变形,当外力消除后就留下了永久性变形。形状记忆合金材料能够自动回复到变形前的形状,即形状记忆效应。

(a) 原始形状　　(b) 室温下加外力变形　　(c) 加热形状开始恢复　　(d) 形状回复终了

形状记忆效应是由于合金中发生了热弹性或应力诱发马氏体相变而产生的。在形状记忆合金中存在两种不同状态结构,一种是高温时的母相或奥氏体相,另外一种是在低温时的马氏体相。当该合金由高温相到低温相往复变化时,发生马氏体相变及其逆相变,并引起形状往复变化,这个现象称为形状记忆效应。

2. 形状改变过程

形状记忆效应实质上包括两个过程,一个是低温变形过程,另一个是升温回复过程。从母相到马氏体相的相变叫做马氏体正相变,或马氏体相变;从马氏体相到母相的相变叫做马氏体逆相变。显然,能够呈现形状记忆效应的合金材料需具备如下条件:马氏体相变是热弹性的;母相与马氏体相的对称性低,如呈现有序点阵结构;马氏体内部亚结构是孪晶,变形机制是孪生;相变时在晶体学上具有完全可逆性。

3. 应用

(1) 工业应用

工业上用于制作管接头、紧固套环、紧固铆钉等各种紧固件和连接件。形状记忆合金兼有传感和驱动双重功能,用于智能系统和智能结构中,用一个电控回路构成反馈,容易实现微型化和智能化。

(2) 医疗应用

利用形状记忆合金良好的形状记忆效应和生物相容性,制作血栓过滤器、脊柱矫形器、脑动脉瘤夹、接骨板、骨内针、人工关节、人造心脏、人造肾脏等。

(3) 航空航天应用

在空间机敏结构中,记忆合金卫星用于解锁机构和锁紧系统,易断缺口螺栓释放机构,组装空间析架结构;空间站的大型天线和空间站天线杆的连接与装配等。

46. 如何记录信息？

在光、电、热、磁等能量的直接作用下，某些敏感材料体系内部产生某些物理和化学变化，记录文字、图像。

1. 光信息记录材料

信息（图像、文字、信号等）以光为载体传送，直接作用于某种物质，此物质能"记住"该信息，并在确定条件下再现（或输出）已记住的信息。

（1）光敏信息记录材料

感光材料在光的照射下发生物理、化学变化，比如在无光的状态下呈绝缘性，在有光的状态下呈导电性，加工处理后得到图像或者文字像信息。

银盐类感光材料具有宽范围的光谱感光性（从 X 射线到红外线），能有选择地对特定的光谱部分感光，因而可复制彩色，有极大的感光度和高图像分辨率。

（2）光盘信息记录材料

在斑点尺寸大约 1 微米的激光束照射下，记录介质产生物理和化学变化，改变了光的反射或透过的强度而进行二进制信息记录。用同样激光可以读出信息。在记录介质上产生的物理和化学变化有：通过热作用而产生形状的变化，如形成坑、气泡或改变表面的光择程度；由于光致变色、光重排、光异构化等光化学反应而引起的光学性质变化。利用记录介质在光作用下的晶态变化及磁光效应还可使已记录的信息擦除。

2. 磁信息记录材料

利用磁特性和磁效应输入（写入）、记录、存储和输出（读出）声音、图像、数字等信息的材料。将各种信息转换为随时间变化的电信号,再将它转换为磁记录介质的磁化强度随空间变化的信号,并存贮。

3. 热敏信息记录材料

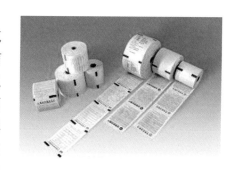

热能引起材料发生化学或物理变化而形成图像,记录信息。比如,材料吸热时产生静电电荷,增加导电率,吸附墨粉而成像;材料受热变形成像(变形成像)等。这种信息记录材料在传真、条形码等打印中应用很广泛。

4. 喷墨打印信息记录材料

它一般由两部分构成,即喷墨打印墨水与成像介质。水基墨水中的染料分子溶解到溶剂中,被涂布层吸附或渗透。颜料墨水的颜料颗粒扩散到分散溶液中,打印时溶液渗透颜料颗粒留在了表面形成画面,同时无机颜料形成的吸墨层质地较硬,打印表面光滑,图像画面的干燥速度较快。

太阳能电池是开发和利用太阳能的普遍形式,是将太阳能转换成电能以供给用户使用的器件,具有永久性、清洁性和灵活性3大优点。

1. 工作原理

太阳能电池是通过光生伏特效应把太阳光能量转化为可以利用的电能。当物体受到光照时,物体内的电荷分布状态发生变化而产生电动势和电流。光照射半导体的 PN 结时,就会在 PN 结的两边出现电压,叫做光生电压。

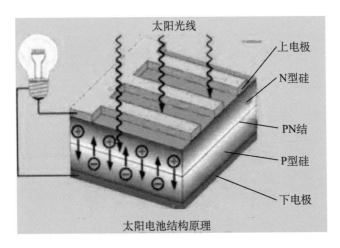

太阳电池结构原理

2. 典型太阳能电池

(1) 硅系太阳能电池

主要由晶体硅(单晶硅、多晶硅)为主要材料制成,光电转换率可以达到25%。单晶硅太阳能电池多用于光照时间短、光照强度小、劳动力成本高的领域,如航空航天领域等。多晶硅太阳能电池一般采用低等级的半导体多晶硅,或者专门为太阳能电池而生产的多晶硅等材料,成本较低,而且转换效率与单晶硅太阳能电池比较接近,是太阳能电池主要产品之一。

(2) 铜铟镓硒薄膜太阳能电池

铜铟镓硒薄膜太阳能电池有近似最佳的光学能隙、吸收率高、抗辐射能力强和稳定性好等特点,最有希望获得大规模应用。

(3) 碲化镉薄膜太阳能电池

碲化镉薄膜具有成本低、转换效率高且性能稳定的优势,是技术上发展较快的一种薄膜太阳能电池。

(4) 有机太阳能电池

用有机材料制备的太阳能电池,使用的材料主要有 C_{60} 及其衍生物、噻吩类材料和聚对苯乙烯及其衍生物、芳香胺类材料、酞菁染料等。

C_{60} 是由 60 个碳原子组成的球状分子,具有非常好的光诱导电荷转移性。噻吩类材料是有机太阳能电池中广泛研究的给体材料,可用 C_{60} 或者衍生物作为受体,是目前光电转换效率最好的有机太阳能电池。

(5) 多结太阳能电池

将带隙不同的两个或多个子电池按带隙大小依次串联在一起。高能量光子先被带隙大的子电池吸收,随后低能量光子再被带隙较窄的子电池吸收,依此类推。

它是把燃料中的化学能通过电化学反应直接转换为电能的发电装置。在交通运输、便携式电源、分散电站、航空/天及水下潜器等领域有广阔的应用前景。

48. 燃料电池怎么发电？

1. 工作原理

燃料电池由阳极、阴极和电解质隔膜构成。两个电极分别是燃料发生氧化反应和与氧化剂发生还原反应的电化学反应场所。在阳极发生燃料催化氧化反应,在阴极发生氧化剂催化还原反应。电解质隔膜分隔燃料和氧化剂并起到离子传导的作用,电池内便可以完成整个电化学反应。燃料和氧化剂源源不断地从外部送入电池,燃料电池

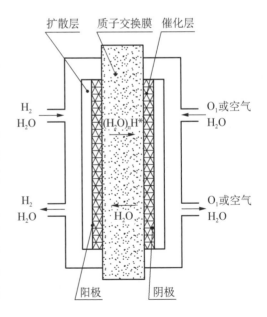

就可以持续不断产生电能。

2. 燃料电池的分类

根据使用的燃料和电解质种类不同,燃料电池可以分为 5 类:

碱性燃料电池使用的燃料是纯氢气,使用的电解质是氢氧化钾溶液,输出电功率 300 瓦～5 千瓦,能量转换效率大约 60%,主要应用领域是航天、空间站等

磷酸盐燃料电池使用的燃料是天然气、沼气,使用的电解质是磷酸,效率为 40%～45%,输出功率大约 200 千瓦,主要用在现场集成能量系统。

熔融碳酸盐燃料电池使用的燃料是净化煤气、天然气、沼气,使用的电解质是碱金属碳酸盐熔融混合物,效率为 50%～55%,输出功率 2 兆～10 兆瓦,主要用于区域性供电。

固体氧化物燃料电池使用的燃料是净化煤气、天然气、沼气,使用的电解质是氧离子导电陶瓷,效率为 50%～60%,输出功率大约 100 千瓦,主要用于电站、联合循环发电。

质子交换膜燃料电池使用的燃料是氢气、重整氢气,使用的电解质是质子交换膜,效率为 40%～50%,输出功率大约 1 千瓦,主要用做电动车、潜艇电源。

六、科学探索

火星是太阳系八大行星之一,是太阳系由内往外数的第四颗行星,是地球上人类可以探索的距离较近的行星之一。它的直径约为地球的53%,自转轴倾角、自转周期均与地球相近,公转一周约为地球公转时间的两倍。

49.
火星表面有液态水吗?

大约40亿年以前,火星与地球气候、地理环境相似,也有河流、湖泊甚至可能还有海洋,不知为什么火星变成今天这个模样。探索使火星的气候变化的原因,对保护地球的气候条件具有重大意义。从长期来看,火星是一个可供人类移居的星球。

20世纪60年代起,人类就开始探索火星,至今已经有超过40颗探测器到达过火星,这些探测器拍摄的图像资料及测得的数据显示火星有水,主要证据有如下8个方面。

1. 火星有冰

2008年,凤凰号火星探测器发现了8粒白色的物体,4天后这些白粒就凭空消失。这些白粒一定是升华了,即这些白粒是冰粒。火星全球勘测者所拍摄的高分辨率照片显示,火星表面部分地区存在特殊"光滑"地形,这是水的固态形式冰。有关数据显示,火星上的冰有 1.5 万~6 万立方千米,融化后可以把整个火星表面铺上一层厚度为 10~40 厘米的水。

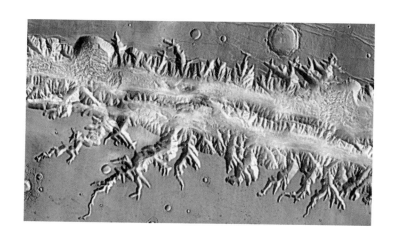

2. 火星有湖泊

美国的"好奇号"火星探测车在火星发现了一个早已干涸的远古淡水湖,并且找到了碳、氢、氧、硫、氮等关键的生命元素。马

阿迪米-瓦利斯峡谷是由巨型湖泊的湖水外泄形成的。

3. 火星发生过洪灾

Cerbeurs 大平原地形地貌与地球上曾经发生过洪灾区域的地形非常类似，显示地表受到过浸蚀，有错位现象，暗示洪水曾经从地表冲过。

4. 火星有泥浆物

火星表面存在着一种"具有外星特征的奇怪黏状物"，看起来就像泥浆一样，显示火星存在地下水。

5. 火星有水蒸气

2008 年，美国凤凰号火星探测器在火星上加热土壤样本时，鉴别出水蒸汽。

6. 有含水矿物质

"好奇"号火星车碾过的一块火星岩裂开后暴露出内部的白色结构，含有水合矿物，岩石周围发现更多水合矿物。

7. 发现水流淌过的迹象

地质考察发现，一小块区域中分布有很多隆起的脊线，这主要是由长期流水沉积下来的一些较粗砾石堆积形成的，这种脊线在河流干涸很久之后仍然能够继续存在。

8. 存在液态水活动迹象

　　由火星勘测轨道飞行器提供的强有力数据表明,在火星表面存在着液态水活动的迹象。

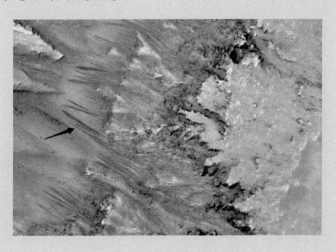

一些快速运动物体的运动状态以及发生变化的时间往往非常短促，一些物理变化过程、化学变化过程和生物变化过程经历的时间也非常短暂，大约只有皮秒或者飞秒，而眼睛对时间的分辨率不到 1/100 秒，只有高速摄影能够让我们看清变化过程中经历了什么中间状态。

人眼的视网膜有 1/24 秒的视觉暂留效应，所以人眼的时间分辨能力只有 1/24 秒，物体状态变化小于这个时间，我们就分分辨不出来。

高速摄像就是以每秒几百甚至上亿帧的速度把物体的变化过程拍摄下来，然后以通常每秒 24 帧的速度播放出来，物体的快速变化过程就被放慢了。

1. 光机式高速摄像机

使用几何光学原理及高速动作的机械机构记录快速现象,通常又可以分为 3 类。

(1) 间歇式高速摄像机

里面有输片机构、收片机构和光学系统,底片在抓片机构和定位锁的配合下做间歇运动,在底片静止的片刻,光学系统完成曝光。受底片的机械强度限制,这类相机的拍摄速度上限为每秒 300 帧。底片长度通常为 200~300 米,持续拍摄约数分钟。

(2) 光学补偿式高速摄像机

底片在做连续运动,透镜、旋转的棱镜或反射镜也在移动,让图像在曝光时间内与底片同速运动,相对静止。这类相机的拍摄速度通常是每秒 11 000~12 000 帧,使用的底片长度通常在 30~120 米,最长有 600 米。

(3) 转镜式高速摄像机

底片固定在暗箱内近似圆弧的片架上,旋转反射镜让成像光束相对底片做高速运动,完成扫描曝光。由于拍摄结果是一个条带,因此也称为条纹相机。其时间分辨率取决于扫描速度和相机沿扫描方向的空间分辨率,一般在纳秒量级。

2. 光电子类高速摄像机

(1) 闪光高速摄像机

在黑暗中利用持续时间很短的闪光照明,使底片曝光拍摄,它的闪光时间比普通相机使用的闪光灯的闪光持续时间短得多。使用 X 射线闪光时称为射线高速摄像机,可以透视拍照某些利用可见光无法直接观察、记录的快速现象,如炮筒内炮弹的运动等,也可以避开烟雾、火光的干扰,因此常用于拍摄研究炮弹在内弹道及中间弹道运动的情形。

(2) 高速视频录像

出现于 20 世纪 70 年代末,最初使用摄像管和高速录像带,拍摄频率为每秒 200～2 000 帧,80 年代中期发展至每秒 12 000 帧。此后,特种高帧频光电成像器件(自扫描光电二极管阵列 SSPD)或特种 CCD 逐步取代了摄像管,超大容量集成电路存储器芯片代替了由多隙磁头、高密度磁带与精密高速机械传动机构组成的高速图像数据记录系统,整个系统以计算机为核心,实现了全数字化。它不仅拍摄速度、存储速度与存储容量均有大幅度提高,而且增加了图像增强功能和多种对图像信息处理功能,可以实现弱照度下的拍摄,方便实时观察与记录、单幅显示、逐格放映及连续放映。

51. 如何突破显微镜的分辨率极限?

　　1873 年,德国科学家恩斯特·阿贝(Ernst Abbe)提出阿贝光学衍射极限,根据这个判据,光学显微镜的分辨率约为检测光波长的一半,可见光的波长为 400～700 纳米,即光学显微镜的分辨率大约为 300 纳米,是头发直径的 1/300。这意味着,利用光学显微镜可以分辨单个细胞以及细胞器等,但无法分辨尺寸更小的物体,如病毒或者单个蛋白质分子等。很多亚细胞结构都在微米到纳米尺度,在光学显微镜下图像非常模糊,无法看到细节。

1. 施特芬·黑尔方法

　　德国马普学会生物物理化学研究所所长施特芬·黑尔(Stefan Hell)改进了荧光学显微镜的分辨率,突破了显微镜理论分辨率极限,可以把 200 纳米范围内的活细胞内部结构清晰地展现在光学显微镜下。

　　荧光分子发射的荧光可以被激发光增强,当然也可以被光"吹灭"。使用两种不同波长的激光脉冲:一种是蓝色激光脉冲,能够激发物质发射荧光;另外一束激光波长较长,比如黄色激光,用它"吹灭"物质产生的荧光。把环形"吹灭"物质荧光的激光盖在激发物质发射荧光的激光束上,环形光束中就只留下极小一块地方的荧光分子可以继续发光,它的尺寸显然是比原来的光斑小得多。通过不断缩小环形光束的孔径就可以获得小于衍射极限的荧光发光点,通过扫描便可以获得物质的超高分辨率的图像,能够清晰地显示细胞内部 20 纳米的细节。

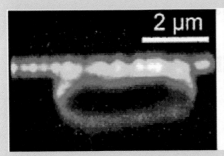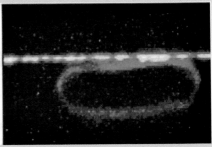

2. 埃里克·白兹格和威廉姆·莫纳尔方法

虽然单个荧光蛋白质分子被显微镜成像后,形成的也是一个直径超过 200 纳米的光斑,但要是在它周围没有其他荧光蛋白分子存在,这个光斑中心可以被精确地确定下来。最亮的地方一般就是中心,这就好比一座大山,尽管绵延很广,但峰顶的位置是不难确定的,只要比较一下哪个地方最高就行了。在一定条件下,单个荧光蛋白质分子的定位精度能达到 1 纳米,要实现精确定位,需要控制单个荧光蛋白质分子的发光和熄灭。埃里克·白兹格和威廉姆·莫纳尔提出光激活定位显微镜技术概念,并发明了一种超越阿贝分辨率极限的显微镜。

52. 为什么要开发太空？

太空有非常丰富的资源,它包括丰富的矿藏资源、空间能源、空间环境资源以及空间轨道资源,值得大力开发利用。

1. 矿藏资源丰富

天外世界有各种丰富矿产资源。分析从月球上采回来的岩石样品发现,月球上有 50 多种矿物,所含的元素硅、铁、铝、钛、镍、镁等正是地球上用途最广的矿物元素。

月球上的一些金属元素还具有一些特殊性能。例如,月球上的铁是一种"金属铁",而不是镍和钴合金中的氧化铁,因而容易提炼,而且比地球上的铁更纯,不容易生锈。月球上还有地球上稀缺的"清洁"的核电材料氦-3。

太空中的金属型小行星上也有丰富的铁、镍、铜等金属,有的还有金、铂等贵金属和珍贵的稀土元素。

可以在天外世界采矿,就地冶炼,在天外世界建立工厂,造出的成品再送回地球,避免许多麻烦问题,如污水、废物等环境污染治理问题,大大改善我们的生活环境。

2. 空间能源

在太空中,太阳能没有受到大气层的阻隔,强度是地球上的 8～10 倍,同样面积的太阳能电池获得的能量将比在地面上多许多倍;而且在太空可以 24 小时持续不断地接收太阳光,解决了地面太阳能发电间断和稳定性差的问题。

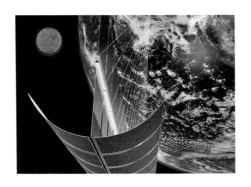

在太空没有重力影响，所以太阳能装置可以做得很大。太空电站可以将太阳光能高效率地转变成大功率的电能，用微波或激光发往地面；建造人造小月亮和人造小太阳，为城市和野外作业照明，增加高寒地区的无霜期，保证农业丰产丰收。

3. 空间轨道资源

空间轨道资源是指太空轨道的特殊的用途。太空轨道上运行的人造卫星、空间站等航天器，可以快速地追踪地球的变化，监测和预报天气、火山爆发、森林大火、洪水、地震等自然灾害；通信卫星可以为人类实现通信服务；导航卫星在全世界范围内提供了全天候、全天时卫星导航定位信息，使铁路、公路、海洋、航空的运输更加高效安全。

4. 空间环境资源

太空的高真空、微重力环境为空间新产品开发开辟了新的途径。

（1）高真空度环境

在 $200 \sim 500$ 千米的低轨道空间，其真空度为 10^{-4} 帕，在 35 800 千米的

地球同步轨道上的真空度为 10^{-11} 帕。在高度真空环境中,还可以进行高纯度、高质量的冶炼、焊接、分离物质。在这种环境下能够生产出许多在地球上不容易制造的产品,如高纯度的光通信纤维、高质量的半导体单晶、特殊的合金等。在环绕地球飞行的天空实验室中生长的锑化铟单晶,把它用到制造计算机元件,可使其尺寸减小 9 /10。

(2) 微重力环境

在太空上的重力接近零(重力加速度小于 10^{-4} g)。微重力条件下无浮力,液滴较之地面更容易悬浮,冶炼金属时可以不使用容器,即悬浮冶炼,冶炼温度不受容器耐温能力的限制,实现极高熔点金属的冶炼;同时避免容器壁对冶炼产品的污染和非均匀成核结晶,改变晶相组织,还能够提高金属纯度。不同比重物质之间的分层和沉淀消失了,因此,采用多种元素的熔融态金属制造合金,其成分分布将极均匀。

在地球表面生产半导体材料,往往出现诸如微观缺陷、杂质以及分布不均匀等问题,影响了应用性能。太空是生产高性能半导体材料的理想环境,在微重力条件下,晶体生长时晶格趋向理想状态排列,晶体结构完善,位错密度非常低,掺杂均匀性很好,组分偏析少等。

此外,在微重力环境条件下在气体和熔体的热对流消失,不同比重物质的分层和沉积消失,对生产极纯的化学物质、生物制剂、特效药品,以及均匀的金属基质复合材料、玻璃和陶瓷等非常有利。

图书在版编目(CIP)数据

科技新知/雷仕湛,薛慧彬编著;上海科普教育促进中心组编. —上海:复旦大学出版社:
上海科学技术出版社:上海科学普及出版社,2017.10
("60岁开始读"科普教育丛书)
ISBN 978-7-309-13282-3

Ⅰ.科… Ⅱ.①雷…②薛…③上… Ⅲ.科学技术-普及读物 Ⅳ.N49

中国版本图书馆 CIP 数据核字(2017)第 239061 号

科技新知
雷仕湛 薛慧彬 编著
责任编辑/张志军

复旦大学出版社有限公司出版发行
上海市国权路 579 号 邮编:200433
网址:fupnet@fudanpress.com http://www.fudanpress.com
门市零售:86-21-65642857 团体订购:86-21-65118853
外埠邮购:86-21-65109143 出版部电话:86-21-65642845
浙江新华数码印务有限公司

开本 890×1240 1/24 印张 5.5 字数 94 千
2017 年 10 月第 1 版第 1 次印刷

ISBN 978-7-309-13282-3/N·24
定价:15.00 元